生活因阅读而精彩

生活因阅读而精彩

经典·新阅读

灵魂的最高处

亚瑟·本森哲思随笔集

〔英〕亚瑟·本森◎原著　田程◎编译

中国华侨出版社

图书在版编目(CIP)数据

　　灵魂的最高处:亚瑟·本森哲思随笔集 / (英) 本森著;田程编译.
—北京:中国华侨出版社,2014.7　(2021.4重印)

　　ISBN 978-7-5113-4774-9

　　Ⅰ.①灵…　Ⅱ.①本…　②田…　Ⅲ.①人生哲学–通俗读物
Ⅳ.①B821-49

　　中国版本图书馆 CIP 数据核字(2014)第153030号

灵魂的最高处:亚瑟·本森哲思随笔集

原　　著 /［英]亚瑟·本森
编　　译 / 田　程
责任编辑 / 文　蕾
责任校对 / 孙　丽
经　　销 / 新华书店
开　　本 / 787 毫米×1092 毫米　1/16　印张/17　字数/216 千字
印　　刷 / 三河市嵩川印刷有限公司
版　　次 / 2014年8月第1版　2021年4月第2次印刷
书　　号 / ISBN 978-7-5113-4774-9
定　　价 / 48.00 元

中国华侨出版社　北京市朝阳区静安里 26 号通成达大厦 3 层　邮编:100028
法律顾问:陈鹰律师事务所
编辑部:(010)64443056　　64443979
发行部:(010)64443051　　传真:(010)64439708
网址:www.oveaschin.com
E-mail:oveaschin@sina.com

译者序

在翻译本书之前，译者对于其作者亚瑟·克里斯托弗·本森并不算了解，只知道他曾担任过剑桥大学莫德林学院院长。为能更好、更透彻地体现出本书的精髓，译者查阅了不少资料，对亚瑟·克里斯托弗·本森有了一个全新的了解。

亚瑟·克里斯托弗·本森，英国著名散文家、诗人、作家，出生于一个极富文化底蕴的家族，父亲爱德华·怀特·本森系19世纪末坎特伯雷大主教，叔叔亨利·西奇威克系著名哲学家，而亚瑟也将本森家族的文化传统很好地传承下来。他曾在伊顿公学和剑桥大学国王学院就读；之后又在伊顿公学和剑桥大学莫德林学院讲授过英国文学；1906年，成为格雷欣学校校长；1915年，担任剑桥大学莫德林学院第28任院长。

上述这段扼要的文字似乎就已将亚瑟·克里斯托弗·本森的生平做了一个大体的总结，可是对于他的文学作品，却无法进行简单的叙述。他的一生中，留下了无数诗歌与散文作品，是一位杰出的学者与多产作家，其代表作有：《日落岛》、《曙光中的少年》、《无所畏惧》等。最令人敬佩与惊奇的是，在人生最后的 20 年间，他每天都坚持写日记，总字数达到了 400 万字，这也是世界上最长的日记系列，为后人留下了一笔宝贵的精神财富。

本书精选了一些亚瑟·克里斯托弗·本森的优秀作品，希望能激励读者思考人生、反思内心。在书中，本森用其自身的经历、理性的思维，对于人生各个方面，譬如幽默、旅行、乐观、幸福、信仰等都表达了自己独特的看法：走在人生之路上的人们，都有着自己各自不同的人生经历，正是因为有了各式各样的生活体验，人生才得以变得更加生动与多彩；繁忙与休息、痛苦与快乐、希望与知足、冒险与安逸，都能成为人生中难能可贵的收获。而人生路上的跌宕起伏，则让我们明白何为可为，何为不可为；让我们从懵懂到成熟，从愚钝到灵敏。

通过本书，我们应该明白的是，在人生的旅途中，不论历经多少坎坷与失败，都能心怀希望与梦想，朝着目标前进，发现生活中的美好与崇高，就是人生最大的胜利。

时过境迁，不管我们身处怎样的时代，愿各界读者都能在本书中找到共鸣，体会到来自心灵深处的震撼。

此外，由于译者水平有限，若有疏误之处，还请各界读者批评指正。

现在，就让我们一同进入亚瑟·克里斯托弗·本森的精神世界，找到属于我们的人生。

目 录

CONTENTS

第一章

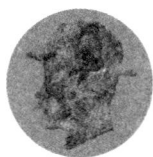

一种生活方式，一种人生体验

一

　　我热爱生活，但没有成为它的奴隶；我向往自由，但它并没有成为我的羁绊。为了证明某些简单的道理，在家中我时常会做一些生活实验，然而，再通俗易懂的道理实施起来也会遇到困难。不过，比起按部就班的成功，我却认为在生活中品味失败反而更有意义。

　　我热爱生活，但没有成为它的奴隶；我向往自由，但它并没有成为我的羁绊。为了证明某些简单的道理，在家中我时常会做一些生活实验，然而，再通俗易懂的道理实施起来也会遇到困难，幸好只是个实验，何况作用在渺小的本人身上，对大家来说其实并不重要，因此各位也就见怪不怪好了。有许多对生活充满激情的人存在于这个世界上，所以我并不为自己的实验感到懊丧。假如有人问我：这些事情究竟值得去做吗？我只能以一种惋惜之情作为对他的回答。

　　当我安静下来的时候总是在想，我从事学术研究的时间大约是半年，然后再到某处安分地待上半年，一年就这样过去了，而作为一个光棍，自己究竟在做什么？这样做究竟有多大的意义呢？因此，我不想在大学宿舍中继续逗留，并不是因为境况窘迫，而是因为在这里我不得不将大量的时间花费在应接不暇的人情世故上。尽管校园中有我许多志同道合的朋友，但我不想变成一只无处栖身的鸽子，四处游荡。

相比起那些忙于奔走应付各种社交场合的人，我更喜欢独自一人对着皎洁的月光，默默地品味思想，让精神与心魄碰撞出一次次火花，迎接来自过去、现在和未来思想浪潮的冲刷。因此，我更加愿意待在自己家中，享受从火炉旁、椅子中以及书架上得到的舒适生活。所以，假如强迫让我遵守来自其他地方过分烦琐的规矩与礼仪，听从别人的支配，那还不如直接将我抹杀好了。当有意外访客到来时，我只能不情愿地停下手中的笔，强颜欢笑地去应酬客人，这种感觉就如同在拿刀割我一般，难受至极。另外，被人带到不乐意前往的地方，对于我来说也是一种煎熬。尽管如此，我最担忧的依旧是失去与人之间的交道，因此最终我也只能放下憧憬，投入到这些令人难以忍受的世故中去。

与不同的人之间交往占据了我平日里的大部分时间，但能够过上默想与自省的生活，却依旧是我一直以来的向往。一想到人之间那种表面上的奉承与阿谀，我就苦闷无比，因为正是这种不得已的应酬让生活变得死气沉沉，缺乏生机。所以，每当我面对这种恭维式的拜访时，总是会不住地提醒对自己不能太过纵容，而是要让自己更加充满生机。

对于我来说，笔就如同我的手足，不能割舍，它不但能够指引我的生活，还能替我疏散心中的寂寥，就像是一位良师益友一直伴我左右。与那些不得已的应酬相比，创作对于我来说更加重要，它如太阳一般散发出耀眼的光芒，诠释着我的心魄、抒发着我的情绪、熏陶着我的涵养，充满激情。

一种名叫"婚姻"的药剂能够让自己摆脱这种表面上的应酬。可是，婚姻不能轻率，更加不能敷衍了事，假如仅仅只是为了完成任务，或者为了传宗接代而步入婚姻，那我宁愿减少自己婚配的可能性。这个世界上有那么多看上去美好又高尚的婚姻，同样我也愿意为一份坚定不移的爱情放弃一切，可是，激情总有退去的一天，在情欲与现实的战争中，最终取得胜利的总是后者。

逃避起不到任何作用，还会使自己更加颓废。我是如此渺小，所以只能在世俗面前妥协，哪怕我整日遥望天际，怀揣强烈的出世之想，却终究无法欺骗自己，也不能摆脱来自人间烟火的困扰。有位充满智慧的阿姨曾在我为自己的人生感到悲哀时暗暗地引导我，她苦口婆心地告诫我：你从未真正放开过你的生活。听到她的话，我一时哑口无言，无地自容起来。实际上，我从未奢望过任何虚幻的东西，我只是会在溪水边停下脚步，然后赤着脚让水流冲刷掉身上的灰尘。

我相信自己已经被一种深邃的情感所包围。我好像从画家雷诺阿的一幅画中得到了关于这种愁肠的禅理。画中的主人是一个可爱的小女孩，她使劲抱着一只身体肥胖、毫无精神的西班牙猎狗站在小溪当中，她的表情和动作都无一不显示出一种担心，显然她害怕狗被淹死。不得不承认，我在看了这幅画以后，从前一直坚持的某些东西有了一丝动摇，我有些感到遗憾，只能用也许是自己太过敏感的理由来安抚自己。我一直都在幻想着一种密切又浪漫的关系，对它强烈的渴望让我备受煎熬，我深深地陷入这种唯美的关系难以自拔。后来，我读到了罗伯特·勃朗宁与伊丽莎白·芭蕾特两人相互之间的情书内容，突然明白，像他们这样如悬在空中一般美好的爱情之所以能够保持，必须感谢上天的恩赐，不然他们的爱情也会绝望，从空中掉落摔得支离破碎。不过，我还是没有抱怨不能用漂亮的花瓶来盛放这些美丽的事物，这些无缘无故的抱怨就好像一位亲爱的母亲为自己欠佳的身体状况不住地唠叨一般。

可是，我这样一个酷爱自由却又充满愤慨的光棍，究竟应该怎么做呢？这个问题让我寝食难安，烦闷不已，于是哪怕我已经在这里居住了半年的时间，也认识了很多受人喜爱的好朋友，可我还是不能接受太过繁杂的人际交往，也不想继续忍受来自城镇中的喧哗。我这样的脾性，从来不会试图让自己在一些平淡乏味的社交活动中找到乐趣，可是，这些都是无法避免和逃避的，而我也不可能将自己藏匿在某块专属地中。最终，我还是下了决心：遵从自己内心的选择！在一个静谧的乡村里，拥有一间属于我的房子，房子宽敞明亮，里面的装饰让人感觉温馨而安逸。朋友们都慕名而至，和我一同享受这份舒适。在这里，我很愿意将自己的独居生活分享给大家，就让我从这段山人般的经历说起吧。

二

    我幽居在位于英格兰东部沼泽地带中央的一个名叫埃里岛的地方，它有着非常悠远的历史，一座座矮小的沙砾分布在岛的周围，看起来就如人类的手掌一般，在手腕的位置还有一条河流淌过，而长着高大棕榈树的埃里岛则就在这河流之上。这片沼泽托起了往西方蔓延的一个"手指"，那是一个地下的泻湖，并且全是泥煤的广阔平原。这里的水草植物一直不断地在分解，经过几个世纪的堆积才得以形成现在看到的奇景。从岛上能够看到远处纽马克特布兰登山脉低矮的山顶，此外你还能在亨廷顿薄瘠的荒原上"窥探"到戈格马格斯的美丽身影。河流欢腾跳跃着，从北边一马平川的草原一直奔腾到瓦斯这个地方。傍山而行，还能看到向海边延伸而渐渐放缓的山势坡度，波涛汹涌的海浪咆哮着扑向南边的耶里恩大桥，溅起数百英尺的浪花。人们可以在那里欣赏到乌斯河从容地向下流淌着，使舒缓的水流充盈在澄澈的水塘和摇曳的芦苇丛之间。

    另外，有一座村落矗立在"手指"的最南端，那里还有着一座古老的教堂。教堂那豪放的尖顶轮廓，透过几英里之外锡卡莱尔的树丛便能勾画出来。有一位大名鼎鼎的教士在 1200 年前曾居住在这里，他就是被修道士们称作欧文纳斯的牧羊人。欧文当年只不过是在为圣·埃塞德丽达（埃里岛的统治者与修道院长）看管他的羊群。当这位充满着乡野气息的热心传教士穿行在这低矮的山丘上，看见澎湃而至的海水，又会有着怎样的感触呢？我想他一定也能听到在夜幕降临之后的湿地上，有水鸟清脆的鸣叫，也能看到在茂盛的芦苇丛边的洼地上，有"小精灵"般的光芒在那里闪耀。可是，转念我又想到，也许这里很多美好的情景都没能将他触动。欧文后来在这里修建了一座庙宇，这座规模很小的庙宇在之后成了他的安葬之处。经过岁月的蹉跎，越来越多的修道士来到了这里，为了纪念那位可敬的牧羊人传教士，他们修建起一座很大的教堂。我想，他肯定在教堂的地下熟睡着呢。

假如现在你是处于那矮小的山丘上，一番令人心旷神怡的场景便会展示在你的面前。我总是有些不明白：面对这样一块漫无边际的平原，为什么历史上没有诗人或其他艺术家被它的魅力所吸引？看！那肥美的黑土地、水顺岸直的沟渠、宽绰的水流途径，一直延续到肉眼看不到的地方。当夏天来临时，峰峦之间被一簇簇苍翠的绿色所点缀，微风拂过，让树上的叶子轻轻晃动，仿佛跳着一支婀娜的舞，青蓝色的树影围绕着牧羊人的栏栅，有一种别样的孤寂之美。这里还能依稀看见远处教堂的身影，黑漆漆的塔尖从高大的榆树下倔强地显露出来。放眼望去远方都是低而平坦的荒野，在那些小灌木丛与树林的陪衬之下，透露出一番带有层次的美感。

再将目光投向南方，从剑桥城堡或教堂的顶端远望，依稀看见一缕青烟从山的那边升起，就像一朵朵飘向天际的闲云，让人有种身在梦中的错觉，梦境中那如同海市蜃楼般的城市尽情展示着自己美丽的身影，摇曳多姿。把头稍微向东边转向些许，就能看见在萨福克郡到处遍布着乌色的松木。这个方向的视野极其广阔，一簇簇白云拥抱在一起从南边蜂拥而至，在壮阔的蓝色天空中欢快地闹腾着。突然，一缕墨绿色从天边的一角显现出来，逐渐清晰，这样的绿色是我之前从未见过的颜色，幽深得直晃人眼、让人心慌，就好像真正的翡翠一样，叫人不敢确定，这究竟是玉呢，还是一朵染上颜色的云彩？就好像陷入了仙境一般。

这里山明水秀，给人带来一种如在家中一样无微不至的感觉，自在又安逸。在这样一片世外桃源，当气候宜人，林中开阔的土地上随处可见重新破土而出的草木嫩芽，空气中充斥着泥土的清香和花儿的芬芳，好一番自然脱俗的景象啊！一种幽静缥缈的生活意象在这样的状态下油然而生。宽广的牧场上，有许多村民来回行走着，他们没有言语，却已经在无声地向外界宣告这是多么美妙又快乐的一天：和谐、从容、幸福和满足。

秋去冬至，这里又是另外一番景致。乐意品尝苦行滋味的人似乎会更喜欢这里的冬天。季节更替，花叶的凋落让原野变得荒芜萧索，仿佛被另一种更为柔美精致的色彩所沾染，金黄的苇草、干枯的草梗浸透了整个牧场，显露出如雕塑一般文雅又内敛的气质。临近黄昏，整个草原都被镶上了一股金色的边，夕阳奋力地燃烧着，在地平线上散发出奢侈的光芒，给西边的云彩系上了一条金紫色的彩巾。夕阳西下，黄昏的天空让海天共成一色，一片纯碧，分外精彩。倘若用心细看，还能发现云堤也逐渐变得暗淡起来，这一景象假如被悲观的人看到，想必会发出恐有不祥的感叹。夜幕来临，灯火如繁星般跳跃着，举目远望，明星低垂，平野似乎显得格外广阔起来。

从外表看来，我居住的那所房子没有任何特别，不过它真正的精髓却是里面的装饰。这所房子是一位伯爵的遗产，它曾经是他的狩猎小屋。我总是忍不住在仔细欣赏这座"宫殿"时猜想，难道房子的原材料是伯爵从陆军或海军那里定制的吗？整栋房子透露出一股哥特式的凄美，黄砖蓝瓦，让人不由产生一股寒意。房子的位置并不算很好，周围都是树木，能够通行的只剩下一条已经荒废的林间小路。并且，房屋的主人为了建造这所房子，还拆掉了一幢极具特色的美丽屋子，不得不说这一决定实在糟糕。

曾经还有一座美丽的公园建在这里，精心修剪的树木立在路的两边，其中有着酸橙和榆树交错其中，就如点缀在苍穹中的繁星一般。现在虽然已经被损坏，但是还是能看到大堂前的台阶、废弃在土丘上的鱼塘以及早已被杂草占据的游乐场。公园里的树木排列得相当整齐，还有一个果园躲在园内的一角，里面稀拉的果树竟然还结出了果子，乍一看我还以为自己来到了一座古罗马城堡。

之所以我会如此神经质地想象几千年之前的文明，那是因为某一天一位园丁给我看了半块精美的古罗马水瓶，那是一件周身泛红的陶器，被厚厚的灰泥所掩盖，稍微擦拭，便看到有两张迷人的笑脸在水中荡漾。我在接下来的几天仿佛着了魔一般，总觉得自己就像萨摩斯岛的波律克拉铁斯一样，尽管我不是暴君，却和他有着同样的幸运。神奇的是，后来我在果园又发现了和园丁手中的水瓶一模一样的手柄，并且那些残片的吻合程度异常地惊人。于是，我开始满怀希望地在园子里探寻，最终发现原来在这附近的土堆和泥土下，古罗马人的遗迹随处可见。

前不久，还有人在沼泽地带"淘"到了一个红色花瓶，因为是在犁地之时发现，瓶身还有少许犁的痕迹。当这些消息传出去之后，不少考古学家对这一地带开展了大范围的挖掘，也在泥炭下面发现了类似的瓮。这些宝贝在出土的时候依旧十分完好，"穿金戴银"，光鲜不已。据说在50年前，此地还是一片汪洋，因此，专家们认为，在这里发现的物件，必定是某条装满瓷器的货船在此地沉没所导致的。

曾经还有一位家丁在离公园半里之外峻峭的山峰向平坦沼泽逐渐过渡之处，挖出了一个铜制刨尖头。当他把这玩意儿拿给喜欢奇珍异物的庄园主过目时，周边的地主们如闻到肉香的苍蝇一般，把四周肥沃的土地挖了个彻底，还真翻出了不少物件，其中有一把铜制宝剑做工十分精致，它的把手上布满了许多很大的孔，可以让皮带轻易地穿过。

　　我现在有着一把造工考究的刀，刀身的平滑程度令人惊讶。这把刀的制造时期很有可能是在古罗马时期，甚至更为古老。另外，还有一些残片似乎是矛，除此之外也没再发现其他东西了。因此，人们不禁猜测，这应该是一艘满载士兵的运送船，可惜还没来得及上战场就在这泻湖陨落了。

　　我们甚至还联想到，当船沉没之时，仓皇逃命的士兵根本没有人会完全在意这些珍贵的武器。在后来考古学家们证明了这个观点的准确性，这的确是赫尔威德时期一场激烈斗争的遗址。当时南面的威林厄姆驻扎着诺曼人的营地，现在那里被叫作贝尔塞尔草原，不论是何称谓，诺曼公爵的确在这里发动了一次战争，直到今天我们依旧能看到一排不深的堑壕遗迹。当时的这里还算安详，一只只黄鹂在那茂密的荆棘丛中欢唱着，发出清脆又有些刺耳的声音。诺曼人还用柴草和泥土在沼泽地上建起了无数条一直延伸到乌斯河古老航道上的堤坝。经过勘探，这里的地质结构实在不允许建造出一座桥梁，因此才有了这些堤坝的出现。诺曼人还曾不止一次尝试用平底船渡河，可惜在赫里沃德士兵的阻击下全都失败了。诺曼人的船只就这样一次次地在河流中沉没，不计其数的无辜士兵成为这场战争的牺牲品，在这片柔软的河床上永远地沉睡过去。

　　当我站在这条安静的河流旁，眼神随着漂浮着莎草和柳草的水面，蔓延到远方广阔的草原，河水一直向下，归至剑桥。每到这时，我总会陷入哀思，那场惨烈的战争仿佛就在我眼前重演，令人战栗。

还是收拢思绪，回到我居住的房子上来吧。这座房子让我想到了那些在埃里岛上修士的农庄，农庄里只有几间稀拉的房间。当时，那些初学以及身体微恙的修士被送到这里，便能长期呼吸到纯净的空气，感受到乡村生活的兴味。在和房子花园交界的地方有一围残壁，上面的砂浆早已看不清原本的颜色，破碎的砖头撒落满地；而另一堵墙却依然顽强地耸立着，威风凛凛。实际上，本有一个规模很大的鸽子驯养场安在此处，但后来因为这栋狩猎小屋的建造而被拆除了。因此，花园里才会被这些年代古老的石雕、梁楣、直棂、柱顶等占据，其中最夸张的是一尊放置在假山对面有些奇怪的人物雕像，雕像主人留着长长的胡须，腰间用绳子死死地系着短祭袍，就这样立在那里。不过，这些东西都是历史了，最多只能作为一种纪念。如今一座极具伦敦特色的房子在灌木丛及胡桃树的遮挡下，时髦地耸立着，俯视着这一地的残骸。

这是一所建立在废墟上的房子，不过，哪怕它的外表再破败，也不能让我对自己的"巢穴"有所贬损，因为在我心目中它就是我的"皇宫"，它的内在正是我一直在向往和寻找着的，宽敞明亮、舒适便利。它结构坚固、设计合理、摆设得当，能使人想到赞歌中的那一句——"这长远的快乐和无穷的财富只有锡安的孩子们才能明白。"对于我来说，这座房子便是悠然自得的人间天国。

此外，这所房子还有别的魅力所在，从果园穿过去，便能看见地表倾斜的宽阔牧场，埃里岛在六里之外格兰提这块黑漆漆的沼泽地上，是那样地温婉迷人，艳丽夺目。在万里无云的天气，铅色的屋顶在阳光的照耀下，发出耀眼的光芒，做工精良的八角形装饰在历经沧桑的顶尖上和阳光一同翩翩起舞。这一切无不让我感叹上天的仁爱。岛中水塔上的硕大砖石，从西边一直往外蔓延，从宏伟的教堂门廊穿梭过去，仿佛要把野草遍地的维纳斯神庙与旁边的大教堂融合起来，变为整体。

假如大家想在埃里岛进行一次虔敬之旅，那么当苹果园里百花盛开的时候便是最好的时节了。在这个季节，山形墙的屋顶清晰可见，尖尖的塔楼和幽暗的窗户，再加上被大片白色花朵覆盖着的草原，就如一幅气势恢宏的山水画。而在雾气弥漫的日子里，远在六里之外的大教堂看上去仿佛是被一整块蓝色石块雕刻出来一般，美不胜收。如果再遇上阴暗的天气，教堂周围又是另外一番场景，险峻的峭壁和崎岖的岩石映衬着天边传来的滚滚雷声，更像是一幅黯淡可怕的黑白场景。

这些悲喜交错的景色，让我能感受到壮丽的同时也感受到当中透露出的悲哀。因为这都是曾经那些宏大构想与完善体制的代表，而现在仅仅只是一个审美学的象征。这也表示通常那些美妙的事物都会渐渐离我们远去，每时每刻都有东西从我们身边流失。岁月的侵蚀，让它们原本光鲜的外表变得黯淡，曾经拥有的内涵也消失不见。当然，景物的兴衰是再正常不过的事情，但在那些常年经受艺术感化的人心中，当中蕴含着的战斗力量早已不在。

有人喜欢城市的繁华，有人热爱乡村的质朴，但是不管是什么景物，总有一天都会让人审美疲劳。不过，这里的另一个特点就是可以让无数个来到这里的游客或居住者留恋不止、百看不厌。穿过萨顿，雄伟的大教堂的塔顶被高贵的八角形装饰所点缀；村落中有一条细长的山脊沿着果园杂沓着停留，顺着山路一直往西穿过一个叫作"贝里斯特"的美丽农庄，一座古老的教堂便出现在眼前。同样，这条道路还能让你到达沼泽地上的两个大平原。

海岸线不分昼夜地咆哮着，村庄的远处还有一片名叫瓦斯的牧场，夏季这里便是最好的放牧去处。而雨季时，这里又会被雨水灌满，由南北两头流向更远的地方。走完这几条路，游客们可以跨过一座黑色的木制桥梁，欣赏到水流从一片沼泽地上渗出，流向大海的奇妙场景。

除此之外，这里还是鸟儿的天堂。某天我不小心惊扰了一群红脚鹬的窝。数只母鸟瞬间拔地而起，嘴里凄厉地叫着，盘旋在半空之中。它们有时飞得极低，低到我伸出手就能抓住它们。也许它们是在向我宣战，因为我侵入了它们的领地；又似乎是在质问我，人类所谓的"文明"难道就是这样吗？我不该再对它们有所干扰，于是走开，重新还给它们一个自由、和谐的栖息之处。

再往下走，是一条有着悠久历史的原生态小溪。前不久，一位樵夫路过时看到小溪中似乎有异乎寻常的动静，像是某种大型生物在缓慢移动，樵夫吓得惊魂失措，仓皇而逃。直到后来村民们在水位下降之后，在小溪里逮住了一条体型庞大的鲟鱼。捕获的当时我也在场，我猜测这条鱼会在这里出现也许是因为迷路，也许是在奋力寻找产卵地的过程中搁浅于此。我之后又向专家咨询，得知鲟鱼在这一带的觅食区域一般都是在英吉利海峡的水域，这是它们一个世代相传的习性。这片水域按照主权划分是属于英国，不过这种情况下，谁还会理会这些呢？继续向北行，能看到一列大型的货运列车冒着浓烟整天都穿行在这片沼泽地上，不断发出低沉的"叮当"声。而我这个悠然自得的隐居者，会经常在这片因为河水充盈而常年湿润的草地上散步，走出一两里便到了梅泊尔这个古旧的小村落上。停下脚步，依稀能看见对面远处的群山当中，有一座很小的古老教堂隐匿其中。据说，古代的一位廷臣便埋葬在那里。后来有人考证，这位廷臣原本是詹姆斯一世的侍臣，是一位英国人，当后来被放逐至法国之后便隐姓埋名幽居于此，不过里斯本的附近才是他的主要财富。这位廷臣最终把葡萄牙和巴厄尔沼泽地当作了安度余生之所。当中的原因我们不需要太清楚，只要接受这样有些神奇的传闻便可。

那么，我在这个偏僻小岛上的生活究竟是怎样的呢？我认为这里应该是整个大不列颠岛上最安静的地方了。岛上只有两三个地主和几个传教士，剩下的就是庞大又繁荣的村落了。这里的居民们十分友好，并且独立、精明。他们中大多数人的名字听起来都非常和蔼可亲，不过却也有少许撒克逊名字零星着点缀其中。比如，卡特拉克（Cutlack）便是从加斯拉克（Guthlac）变形而来；还有像坎普斯，这是诺曼人的名字，很有可能是当年负伤的士兵在这里定居之后才流传下来。尽管这是一个庞大的村落，但这里与外界的联系几乎为零。每当有集市之时，几列火车从埃里岛慢吞吞地开向圣·艾芙岛，然后再兜个圈按原路折返。这里热情、勤劳又质朴的村民们，除了日常的生意之外，最大的生活乐趣就是宗教和民谣了。祖先的遗风在这里得到了完好的继承，三节拍的调子溢满了整个村落。能让人充分享受孤独，是埃里岛的另一个魅力所在。当你在此居住，也许好几个星期都没有人来访，同样这里的社交场合也不多，没有统一认可的节日，更别说那些让人头痛的聚会了。这里的居民一个月内可能才和邻居聊上一次，或者到某位热情的牧师家里一起饮茶。因为这里的居民都有自己的做事原则，各自做着自己喜欢的事情，不愿意冒昧地骚扰别人，也不愿意受到出乎意料的打扰，他们很默契地遵守这一蔚然成风的约定，在自己的圈子过着自在的生活。不过，即便如此，邻里之间那种安详和谐的氛围却依旧没有改变。

村民们对于其他人把这个安逸又静谧的地方作为自己居住点的选择都十分尊重。他们认为，不管来者的目的何在，都不会是狂热的社交爱好者。我待过英国不少的地方，但那些地方都没法比得上这里的悠闲。这座村庄让我感到自由，而且村民们一点也不排外。我住到这里没多久便发现，这里的村民们真诚、质朴，一点都不像外界所传言的那样如外星人一般不谙世事。我反而觉得他们拥有天生的好教养，似乎不需要强制约束就能自发地向着文明的时代前进。

因此，置身于这里能让自己具有一种精确的价值观用以衡量自身品行。不论我们身在哪里，作为人本身，都应该让自己独立起来。这里的居民便是如此，他们从不对陌生的来客有所猜忌，认为他们只是为了寻找某种特定的生活而来。这样的观念可以让任何外来者都能很轻易、自然地融入当地的生活。因为与以往的喧哗不同，这里只有安逸与宁静。

当那些无谓的社交与形式化的应酬减少，生活在这里，时间仿佛就像流淌在广阔无边的草原上一般，所有计划都能自由开展，没人会打听别人的去处，也没人会因为工作或理想而狼狈不堪。并且当你需要帮助或提醒的时候，别人又会给予最友好与热诚的支持，而不会想着如何从中得到利益。

有一件一直感动着我的小事。原先在我房子周围有一条路，因为之前长期无人光顾，一位善良的农民便将一块告示牌立在了这里，说明此路属于私人所有，请大家不要继续行走。然而，告示牌在一两天后却被扔到了沟渠中。对此我感到非常惊讶与不满，觉得此事会对我们邻里之间友好的关系有所影响，于是我向某位地主朋友进行了询问，可是他大笑说："我保证不会有人做这种事的。"他的属下已经见到了"肇事者"，只不过这个"肇事者"是一匹马，它在路过时不小心将告示牌撞翻了。没错，就像这位地主所说，这所村庄里所有的人关系都非常和睦，而我也能拥有自己独立的空间。

在这种单调却有趣的日子中，时光在缓缓流逝。我一个人住着，安静地阅读和写作，偶尔去花园中散步和静坐。在阳光灿烂的日子，我会绕着村庄走上一大圈。有很多雄伟的教堂和建筑，离这里都不算远。例如在威兹比奇与林恩附近的大教堂还有着十余座宏伟的十字架建筑。这里的居民用尽了最大的想象力，将全部心血都倾注在了这些建筑上，所以这些庄严的城墙和纯木制的建筑物，才会矗立在这乡野之中。

一开始这些建筑只是为了单纯的乐趣与欣赏，并没有明确真正的功利用途。这些鬼斧神工的建筑师建造出了众多博普雷式建筑风格的房子，它们由大量的砖石堆砌而成，仿佛被无数"幽灵"所幽禁着，不过却有一片参差有趣的果园将其围绕。我时常猜测，这些山形墙代表着的是都铎时代的砖石工艺。在大部分建筑物的大厅，都有盛大华丽的木板镶嵌着作为装饰，看上去很是富丽堂皇。尽管起初建造它们的目的并不是为了功利性经营，但村庄也存在着庙宇供人朝拜。所以，要想有一个志趣相同的好友来和自己共享寂寞，也不是特别困难，邀请他去庙宇朝拜或者欣赏这些古老而美丽的建筑物便可以了。

伴随着我安逸寂静的隐居生涯，时光就这样悄无声息地流走了。手中每天翻阅的书卷也逐渐泛黄、破损，只有水边的野性十足的芦苇丛在沟渠的庇护下，依然在风中摇曳生姿。

我并不想将所有时光都耗费在这里。虽然这里的生活安逸自在，却无法让人产生欲望，尽管减少了许多社交，但思想上的沟通也少了。对于曾经感受过城镇中喧闹与拥挤的我来说，不用再在责任、物质和分歧中度过，这里仿佛就像一个广阔的绿色农场，成为我自由的港湾。可是假如一直都居住在这里，那将会是一件危险的事情，因为所有的一切都将被慵懒与不安所占据。实际上，人在看待身边事物的时候就好像在透过一面放大镜，在这块放大镜的照射下，那些极其微小的事物也会变得过度重要。每个事物都有两面特性，一面是积极，另一面则被消极占满。

长期待在这山坳之中，能让心灵得到一种平衡，心胸变得坦荡、忘却来自世俗的困扰。然而现在，喧嚣的人和事在脑海中放映，一切联系与沟通，都成为心中难以磨灭的痕迹。也许我们觉得，只有像巫师一般沉溺，才会使一个人彻底迷失。这就好比向空中同时抛十几个球，并使用魔法让它们不能落地。这种"体操"式的训练的确能使人变得更加敏锐与矫捷。不过它同时也证明，我们既然来到人世间，就应该做一些有意义的事情，如果仅仅只是虚度了一生光阴，没有对社会有任何贡献，那来到这世上又有何意义呢？换个角度说，即使一个人在商场中获得了巨大的财富，却也不能证明他实现了自己最远大的理想。一个太过精明、尖锐和犀利的人，反而会让人感到反感与厌恶，因为他们的成功是用很多人的痛苦铺垫而来的。那些人世中所谓的成功者，仅仅只是在自己的范围中不断地敛财罢了。我认识很多这样的成功人士，但我却并不认为他们都是真的成功者。这种人总是充满了自信，但是他们对某些无能人士总会产生一种天生的藐视，这是他们最主要的缺点。此外，沉迷思考的人往往会变成意料之外的冷漠，这会使人的压力与抑郁成倍增加，给人一种外人的一切都与他无关这样的感觉。不过从另一方面说，思考者们有时的确可以贡献出对社会有益的办法。假如我们整个的人生都在指导或建议他人，那良好的自我感觉将会最大限度地膨胀。我们有时会因为自己的能力和精明而自鸣得意，但是在许多时候，人们并不是真的需要我们的存在，而只是在对我们容忍。我们不应毫无耐心地将上天之手强加给别人，而是要自在地徜徉在上天给予的悠闲时光中。

三

让一个国家真正强大起来的力量并不是某个社会立法机构或者组织，而是不断提升公民的道德力量。机构组织有时候只是他们的一个标志，并不能真正担起社会前进的重担。一个智慧、心态和道德上的模范，比起一个追求利益的功利者要有益得多。

人们也许会问我，我是否想成为这方面的模范？我之所以选择这样的生活，并非出于任何哲学或道德层面上的思考，纯粹是因为自己喜欢。不过，如果在这方面有更多的人能忠于自身最直观的本能，觉得美德和汗水、国家的力量以及一些无意义的商业活动之间必须有所关联，那这将对整个社会都有很大的好处。我的观点是，想要获得心灵与道德上的平衡，最好的方式是拥有深谋远虑的衡量以及平和的思维。大部分人对于这种获取过程都有些摸不着头脑，也无暇对过去的种种进行分类和整理。实际上，生活的本身就应归纳成一种圆满。物质财富与精神财富的获取各自占据一部分。我们就在这繁忙的累积当中，缓缓地靠近属于自己的那片坟墓。

偶尔我会这样情不自禁地感叹：一个人本身存于世是否比他行为本身的意义要为重要呢？我们谎称自身的所作所为是为别人，其实却是为了满足自己的私利。可是，这样的"助人为乐"只会将自己身上狂躁与亢奋的分子转移给他人，把他们带入一个更加危险的境界当中。

不管怎样，就像我在本书开头所说，这不过是一场实验罢了，只要我愿意我可以随时将它结束，当然也可以选择继续进行。就算证明不成立，也只是一场无关紧要的实验而已，但我的失败也许能带给别人一些领悟。因为，我想让读者们记住：生活中刻意而为的失败往往要比墨守成规的成功更有价值。通常，人都是小心谨慎的，在他们心中冒险都会受到惩罚，并且会认为不值得而终止实验；或许，他们觉得人生太匆匆，不能将时间浪费在错误的事上。但是，从另一个角度看，那些有着诸多忌惮的人却总会遇到不幸。哪怕获取再多的财富都无法让他体会到快乐，因为他们失去了思想，只是把赚钱当成了一种生存方式，就这样一直麻木地重复着，直到死去。一位叫作乔伊特的牧师曾说过一句很有哲理的话：生活，在于不抛弃、不放弃。此外，我还发现，脱离使自己感到烦忧的环境，全身心地投入一场平和的人生实验，体会一种与众不同的生活，实在是人生的一件幸事。

第二章

友谊是一杯绵长的酒

一

　　法国有一句谚语，想要被爱，先要有爱。对于这句意味深长的谚语，许多小孩脑中没有概念，不得其解；年轻人们则满不在乎、不屑一顾；中年人一开始会觉得惊讶，然后会对其表达的意义表示疑问；只有老年人，才会颔首赞同，深受感悟，并为自己曾经的错失良机而感到懊恼，或是对自己的虚度光阴而感到遗憾。

　　现实中，有很多怀揣理想的人，在迈向人生的初级阶段，也许从未想过自身是否具有价值，他们觉得这只不过是一种粉饰表面的东西罢了。我们总是认为，这种思考就如约瑟夫幼时的梦想一般，太阳、月亮和十一颗星星好像都在对我们打招呼，那些云层就更别说了。我们总想用面目一新的形象出现在别人面前，让自己散发出影响力，使人感受到自己的美好，获得他人的尊重与敬仰。可是，这种美好的愿景却在我们持续向前的人生路上逐渐变得黯淡。最终，只要还有一个人能在某个角落里向我们致意，我们就知足了。而我们的存在，那十一颗星星压根儿不知道，更别提点头致敬了！这时，当我们再次沉思，便会发现我们自认为的那些影响力，只是来自于自身的傲慢罢了，而且财富也不过只是一个护身符，减轻贫穷给我们所带来的困苦与伤痛而已。华丽的外壳逐渐蜕下，剩下的只有乏味与单调。

实际上，那些无欲无求的人才具有真正的影响力，并且他们往往都不知道自己拥有这些，这样的影响力才是最美好的。赞扬只是让谷壳看上去更加耀眼，不过，在谷壳的包裹之下究竟是一颗完好的谷粒还是空空如也，就不得而知了。但是，妒忌就像一杯伤人的毒酒，让人伤痕累累。我们应该明白，那些无所求的人才是华丽皇冠最后的所有者。比起那些野心勃勃的功利者们，往往是内心坦荡与无私忘我的人得到了更多的奖励。

我们通常将这种美好理想逐渐消失的过程称作幻灭。美好的消逝的确会让某些人黯然销魂，因为他们只看到了人生中一面。幻灭发生后，他们会变得失望和消极，最终丧失信心。他们会将自己的余生一直建立在这种基础上，最终被愤世嫉俗与枯燥乏味的感觉所侵蚀。然而，对于那些不图虚名、心胸宽广的人来说，这种甚至可以被称作侮辱的幻灭却是世上最有价值的美事。因为这能让他们体会到，实在的东西才是世上最伟大的礼物，只有提升自己到一定的层次，才会明白一味地追求只会让自己陷入无法自拔的泥潭，而不是真正意义上的拥有。也许，他们会怀揣希望与虔诚，重新开始自己的人生。即便他们不能挽回和弥补曾经的错误和遗憾，他们也不会将岁月蹉跎在悔恨当中，反而会感谢上天将幸福的根源慷慨地赐予他们，因为还有爱意与温柔存于心中。无论怎样，他们都实实在在地活过，尽管人生在经历了沧桑后并没有成为自己想象中的样子，但那颗感恩的心并没有因此消失。说不定，理想的距离已经不远了，虽然没人知道它在哪里，但也没人知道它是不是已经在向你招手了，不是吗？所以，不管在什么时候，我们都要有一个美好的开端，我们时时刻刻都在出发，我们无时无刻都为出发做着准备。人类感情的最原始状态是众多哲学家挖空心思想要追溯的目标。的确，就关系最为亲密的男女爱情、母子亲情来说，也有身体本能和原始的情愫夹杂其中。但我们不忘却一点，依旧有很多错综复杂无法梳理的关系存在于各式各样的人之中。并非所有关系的基础，都出于欲望或本能，也并非都建立在对利益或收获的希望上面。不同种类的情感都有可能对这些关系起到巩固和加深的作用，甚至成为维系它们之间的纽带。不过，有一种关系是所有关系中最基础的——友情，一种最为简单却最重要的感情。朋友间的友情往往存在于那些能够共患难、同甘苦的人之间。无论距离多远，因为有了朋友的存在，人生将变得更加甜蜜、美满与壮大。人的一生能拥有几个真心朋友，那是一件非常幸福的事情。就算不能朝夕相处，朋友们也能在不同的地方守护着共同的情谊。他们会用书信的方式来分享各自的生活，在交流中互相表达倾慕之意，让彼此的感情更加深厚。因为对别人的哄骗而失去朋友的人，同时也失去了生命的基础，幸福也将无处安放。想要拥有几个朋友，万万不可在交往的过程中掺杂进自私、妒忌、欺诈等卑劣的行为，因为交友是一件纯粹的事情，与朋友本身所具备的价值没有任何关系。假如朋友的品格高尚，我们将尊敬他；假如朋友有明显的缺点或短处，我们要学会包容与忽视。要明白的是，我之所以结交这个朋友，并不是因为他的言行或者是他身上的秘密，仅仅只是因为这个人。保持这个心态去交友，一切足矣。当然，我并不是在建议别人不问是非，随便交一些狐朋狗友。

我们有时候也会发现，朋友和自己有着截然不同的性格。但就算这样，只要我们心中还存在着对彼此的情意，那么这段友情便能长久地持续下去。哪怕是两个感情极为深厚的朋友，他们也有可能拥有着天差地别的人生观。我们有没有想过，能为朋友轰隆，为其辩护，是一件多么令人满足的事情！印度古谚语说，雷声轰隆，坏蛋聚集。意思是说当危险降临时，邪恶的人便会狼狈为奸、通同作恶。但对于大部分人来说，相互间的信任才是友情最本质的东西。当朋友有可能遭到污蔑时，我们要坚定地选择对朋友的信任。每到此时，我们心中会出现一个莫名的声音，告诉自己朋友绝不会做出那样的行为。就算有确实确凿的证据证明了他的所为，我们也认为他只是一时糊涂，不会再犯第二次的错误，我们都要用一颗宽容之心来包容自己的朋友。

我们也许应该在某次朋友间的会面后向彼此解释一下，自己那充满本能的神奇内心。也就是说，我们为什么会被某人的一种神秘方式所影响？他可能没有任何明显的吸引力，也没有绅士般的风度和举止，可是我们之间却被一条莫名的纽带所维系。我们好像已经在某时某地共同分享过彼此的经历，不管是沉默还是讲话，赞同还是否定，我们都会觉得很有趣。我们也总能体会到朋友在某个神奇的境地中充满了真诚。某位拉丁诗人曾说："我说不出来的某种东西，却将你我的命运紧紧地拴在了一起。"我们和朋友之间偶尔也会有些误会，亲密感一时之间也会消失，不过这种情况并不常见。那莫名跳动的心脏，无故颤抖的双手，都是因为一种更加深厚与重要的情感，这都来源于朋友之间的友情，充满了精神缘由。

人与人之间自然存在着各种不同，不同的人在感受这种相互的吸引力时都会有很大的差异。就我而言，我总是怀揣着能结交成朋友的心愿与陌生人进行会面。也许在这当中会有我未来的朋友，带着我所期待的笑容坐在我的对面。即便经历了无数次失望，我依旧心存希望。可是，很多人的朋友会因为年龄的增加而逐渐减少。一是因为我们可以消耗的感情越来越少，另一个原因则是我们变得更加小心翼翼。不过，这当中最为重要的原因，是我们愈发明白友情里所蕴藏着的那份责任感。我们不再愿意去承担更大的责任，从前的浪漫气息慢慢减少，却让我们更加自在地生活。再加上有些原本可以成为朋友的人，却很漠然地对待我们之间的交往。还有一些人认为自己无法再接受新的观点和事物，从而把自己变成一只"刺猬"，在自己和陌生人之间筑就了一堵难以跨越的"心墙"。上面所说的可能都无法成为一个好的理由，但是不管出于什么原因，我们结交的新朋友终究是愈发地少了。也许最主要的原因在于，我们总是死死地坚守着那个自认为的某种观点，并且没有根据人们不同的性格而进行改变，只是一味地试图让别人也进入这个观点中。不过即便如此，一些心胸宽广和心地善良的人依旧没有放弃对自己交友圈的扩大，他们没有因为年龄的增长而停止，也没有因为对事物认识的观点相反而将原本可以成为朋友的人舍弃。

就像我说的一样，友谊也是有很多种类别的。一开始友谊可能只是一种从习惯或者相近行为中所延伸出的单纯的同志情谊。对于这种人际关系，每个人都有选择的能力。史蒂文森曾说："谦卑的人会发觉，友情其实是一件很容易得到的东西。"这句话其实是说，假如一个人慷慨、大气、善良，那么他就不会觉得自己的生活圈子很狭隘，也不会有人之间没有人情味这样的感觉。实际上，我们能从朋友那里看到最好的一面，找到普通人可爱的地方，这样的友情很有可能将最为美好和纯粹的忠诚感激发出来。有经验的人会知道，在某些村落里，假如去掉一直套在牛脖子上的轭，公牛就会变得郁郁寡欢，最终逐渐消瘦忧郁而亡。人之间的友情有时也是靠血缘纽带来维系的，比如兄弟之情。婚姻有时候也能使爱情演变成近似于亲人般的亲情，这是一件值得祝福的美好事情。

友情的层次也有很多种，就像老人与幼童、老师与学生、父母与小孩、护士与病人、老板与员工等关系一样，这些关系多少都带有一种不平等的友谊，但很多深刻与纯洁的友情都是由这种关系触发而来。就像卡莱尔和父母，博斯韦尔和约翰逊，以及斯坦利和阿诺德。这种典型而重要的友情，最终都被两位年纪相仿的同性、奉献与体贴的情谊所替代。令人吃惊的是，大部分类似这样的友情，都形成于中小学或者大学时期，往往经过某段时间后，这种情谊会以一种自然的速度慢慢消逝，消逝的原因在于，像这种建立在双方生活和相似的思想上的友情，通常会被家庭的组建或遥远的地域所阻隔，两人间的距离会因此越来越远。但有的时候，这种远距离反而会更加拉近彼此的情谊。婚姻和周围的环境都是扼杀和埋葬这些友情的重要原因。除非双方一直都没有停止思想上的交流，而年纪的增长也会将双方的分歧加大。不过也有人能将这种浪漫而坚固的情谊持续到最后，就如纽曼与菲茨杰拉德一般。

　　我从一位老牧师的女儿口中得知了这样一件友谊终结的故事，让人不胜唏嘘，另外这一个案例也非常典型。她父亲和另一位老教士在少年时期曾是一对挚友。不过由于世事变迁，双方失联了将近三十年的时间后才得以重聚。老教士如约前往牧师家拜访好友，可是随着约定期的临近，牧师越来越焦虑，口中一直唠叨着这次会面，相信精心的准备能让彼此都能快乐。他想给老教士宾至如归的感觉。他的女儿和妻子分别于早晨和下午带老教士出去散步或兜风，而牧师自己却和儿子一起待在吸烟室里。到了晚上，老牧师认为不能再为了这位访客而打破自己的生活习性，让自己为了娱乐一位客人而感到压力倍增。于是，他终于只在晚餐桌上与他这位许久都未谋面的少年朋友见了一面。而这两位阔别重逢的伙伴，在此之后再也没有过交流。会面结束后，老牧师谈起自己曾经的朋友，脸上满是同情与失望，他说："哈里真是可怜，他老得太快了！我从不知道一个人会有如此大的变化，兴趣也变得这样狭隘。我曾经的朋友，已经没有了当年的诙谐，算了，算了……无论如何，我还是挺高兴见到他的。并且，他对于这次会面似乎也很焦虑。我想这让他更加难挨。他手足无措地待在一所陌生的屋子中，说话都有些吞吞吐吐了。可怜的老哈里！想想三十年前他可不是这样，英姿焕发得不得了呢！"说完，牧师满是感慨。

另外，撒克利在谈起与菲茨杰拉德的大学时光时也曾感叹："我们的友情在当年是多么富有激情啊！"这句话透露出一种淡淡的忧伤，表达了他对当年朋友间那种纯真友情的怀念。撒克利还一语双关地暗示了与朋友之间曾经那种热烈的情感早已消失不见。这么多年以来，他可能已经习惯用自己那双善于发现的眼睛去钻研他人的心灵，探究其中貌同实异的部分。他有权利寄托希望，但梦想与现实的差距总会给他造成心理落差，让他不想再将曾经的友谊延续下去。当曾经那种火热的热情、强烈的信仰和恻隐的怜悯之心已经不复存在于心，我们每一个人都应该为此感到羞耻和惋惜。

是否真的不能做到让自己保持永久的青春生气，使周遭的事物都充斥着浪漫与活力的种子？事实证明，真正做到的人确实寥寥无几。也许随着年纪的增长，不少人能给这个世界增加某种充实的宽容、澎湃的温情和深邃的双眸，但很多人却在曾经有些偏私的理想主义和如今现实的落差中迷失了自我。不过在许多像牧师、医生、老师等这样的职业人群身上，我们能发现他们看待别人的方式，不是无时无刻建立心理防线，而是不管在自身情感波动还是敏感时期，都能让自己的头脑保持清醒。他们的同情心在很多情况下都会涉及家人，因为在他们心中最为重要和珍贵的东西就是人之间的情感。然而表达情感对于很多民族——特别是盎格鲁-撒克逊民族来说是一种累赘，因为在他们心中这只是一项必须履行的义务罢了。这种观念已经深刻地烙刻在这个民族的天性之中，不过这却让他们拥有了更为生动与雀跃的情感。

还有一种方式也有可能将友情磨灭掉，那就是许多人结交朋友只是为了享受朋友之乐，却不乐意承担相关的责任。这种有些自私的友情会让我们发现，朋友的性格或特点自己也并不是全都喜欢。朋友间最忌讳的事情就是一而再，再而三地犯同样的错误，并且每次形式都有所不同。就像盎格鲁-撒克逊民族一样，有一种很普遍的心理特征存在于他们的性情中，那就是喜欢用普通或庸俗的眼光去看待各种事物。当然，也许正是这种心理让他们在这个现实的世界中，取得了物质上的收获。很直接地说，不同程度的懒惰心理是很多英国人普遍拥有的，这可能也就是封建专制所遗留下来的毒瘤，一直到现在都存在于我们身上的原因。所以，我们对成功太过推崇，渴望得到人们的尊敬，想要有更高的社会地位，期盼得到成功人士的赏识。这所有的表现，都源于一个"利"字，所以才会让那些"无利"的朋友们望而生畏，不敢亲近。

在我印象中，曾经有一段原本可以建立的友谊，因为一方所有的一种习性而破裂了。我将那种习性称为"城市"，我想表达的具体意思是这个人太过崇拜阶级荣耀，这一认识上的偏差太过坚不可摧，无法改变。这人表现得有些与众不同，他总是喜欢结交有地位的人，还总是妄想从别人身上搜寻到懒惰的痕迹。我认为这是最为庸俗和原始的行为思想了。这种行为一般来说是来自于一种错误和不清晰的认识，但还掺杂了被自身高尚情操所打败而衍生出的一种自然的耻辱感。这个特例中的主人公一心想要甩脱这个误区，可是他却不能让自己变得更加高尚。所以，他也没有办法将自己殷勤、友善的一面展示在那些有地位的人面前。我觉得，只要他心中没有这样肮脏的想法，也就不需要将心思花在这上面，也许他反而真的能和一些达官贵人成为朋友。

总有一种截然有异的"懒散"，存在于一群善良又努力的朋友中间，这也是我常常说起的中产阶级职业化的"懒散"。这些人太过看重成功，只乐意结交一些达官贵人。随着了解的慢慢加深，他们会逐渐感觉到对方缺点所带来的不快，但却忘记审视自身的不足，这样下去就会在一些问题上出现分歧，矛盾也不断出现。假如双方都能坦诚相待，正视自身的缺点，其实也是一件无足挂齿的事情。可是，他们都想把自己最完美的一面展示在别人面前，想让对方认识到自己要比他想象中的更加无私。在这种思想的影响下，双方更加难以互相认同。于是，当他们交往到一定地步时，哪怕彼此都有着很好的性子，但由于摩擦而产生的磨损终究还是会显现出来，而双方的情谊也会因此渐渐消亡。

这是一个很典型的例子，从它当中我们看到每个人都希望能从自己钦佩之人身上得到单纯的趣味，可是却又不愿意接受对方的不完美所带来的责任，更不愿意宽容地去接受这种不完美。这种友情吸引，最不幸的地方在于，它开始于某种过于理想的思想，而不是人之间公平的同志情谊。过分理想化的友情很容易出现危险，当双方都怀揣这种理想主义，起初彼此都会互相吸引，他们会不自觉地将自己最完美的一面展现出来，但随着交往的逐渐深入，只要有一方感受到不舒服，便会格外地难受。这种友谊破裂的一个关键原因，一般都是由于理想主义的一方因为对方让自己感受到希望的破灭而倍感失望所造成的，但是对于自己曾把对方幻想成一幅理想的蓝图这一错误想法，他却没有任何自责。

这种类型的友情总是带着某种强烈的感官色彩。双方都是因为交往的深入而消沉，这就像卢梭所犯下的那个错误一样：他没有亲手抚养自己的孩子，而是将他们送到了育婴室。而错误的根源则在于，双方对于自然发展中的友情所产生出的结果都选择了逃避态度，说起来，最终还是因为自私，他们永远都只考虑到自己缺乏的和希望的东西，却忘记用感恩和平静的姿态去对待这份纯粹的友情。

人们总是会说，每个人都有责任告诫自己的朋友，让他们正视自己的错误。但我却认为这是一个被曲解的原则。它的本质触及了最纯真的友情，而自由则是其中的基础。这里所说的自由没有被义务所牵制，并非来自于某种责任。我当然不是在唆使人们只要索取，不要付出；而是在说，人们必须给予自己的朋友足够的尊重，这就表示，不要试图去引导自己的朋友，除非对方自己有所要求和希望。还是将朋友的错误留给那些更为严厉的批评者们去指责吧，就像谢里登说的那样，那些朋友们有着"该死的好性情"。不过，朋友必须要认同朋友所认为的美好与真理，哪怕他也许正在用另一种方式追寻。给予朋友鼓励与信任是朋友应尽的义务，反对与责备则不是朋友应该做的事情。双方之所以成为朋友，是因为真心喜欢彼此，而不是因为别人的意见或被强迫不情愿地喜欢某人。最关键的是，这必须是在一个完全自由的环境之下，而不是为了提高自己的交际能力。除了某项协议或合同，不然是没有什么能够将两个互相不欣赏的人，强行拉在一起成为彼此珍惜的好朋友的。说到底，人终归只会对上天负责。一个偏离正道的人，就好像一只迷路的小羊，除非这只小羊自己发出求救信号，不然另外的羊是没有义务和责任将它推回正途的。

也许大家会说，在现实中为我们指引道路的牧师或导师，却并没有和我们成为地位相等的朋友。假如真的在朋友间区分地位高低，那地位低下的人必须具有奉献精神，为对方无怨无悔地付出；而处于高位的那位则不能强迫对方去做他不情愿的事情，不然双方的关系就会变得不够公平，要想成为掏心掏肺的朋友就很难了。因为，无数平常的举止以及简单的话语才促成了这种纽带的形成。能够将两颗坦诚的心用真诚串联在一起，这种情形的出现是最为理想化的，这样一来，哪怕出现错误的行为也不会让彼此感到尴尬，这将会是世上最单纯、热烈与坚固的感情。可是，这是多么地难能可贵啊！

　　最寻常的状态，往往是双方都含着一颗敏感或情绪化的心，在相处的初期会相互进行经验交流，将自己脑中最为美好和让人受益的东西作为话题进行谈论。希望彼此都能产生这种感受：这个人能让我轻松地展露自己，他的性情简直就是我最好的补充！假如真是这样，那将是一个非常奇妙和有意思的进程。打一个比方，当我们从远处观望城市，会觉得这真是一个美好的景象，尖锐的塔尖与高大的城墙相互交错，透露出一股庄严的荣誉感；可是当我们真正走近它，会发现破烂崎岖的道路让人难以出行，暮气沉沉的集市上没有半个人影；阴沉沉的房屋凌乱地排列着，疲劳和满面愁容的人坐在门口，看上去怪异不堪、极不正常。走过大街，城内被废墟占据，阴暗潮湿的环境成了无数阴郁生物的乐园，随意翻开一块石头，所有怪异与神奇的东西都暴露在阳光下，打着滚仓皇而逃。我们开始认为，这好像并不是自己一开始想要到达的地方。原来，我们对于浪漫的想象不过只是流星赶月的那一瞬间的亮光而已，也不过只是我们心中升起的一种莫名的情绪而已。因为，我们为了找到心目中的那座城，重新出发。我们在地平线上看到了一座小山脉，后面就是一座新的城市了，我们马上就能脱离这个普通人生活的无趣之地了。可是，若想培养出真正的友情，就得从每条普通的大街小巷、日复一日的平常生活开始，持之以恒。只有我们真正走遍一座城镇，才会发现它的美好与魅力。我们才能真正体会到，蕴藏在其中的那种灿烂又充满追求的生活，当我们居住其中，便能感受到这份乐趣。而那些点到为止的旅行者们，将永远都无法到达真正的终点。美妙的情谊在我们心中渐渐发芽，朋友间的爱也越来越壮大，因为我们的坚持不懈，生活将许多额外惊喜奖励给了我们。我们打开一扇门，看到了前所未有的景象，然后进入一座烟雾缭绕的庙宇，墙壁上的窗户落满了灰尘，在夕阳的照射下形成绚丽多彩的光影。祭台上人来人往，一场神圣的仪式正在举行。多么有趣又美好的画面啊！实际上，假如用一种旅行者的心态来看待友情，那友情将永远难以形成。这样一来，不停地寻求浪漫与美景成了此行唯一的收获。偶尔，也会有旅行者变得有耐性，停止游荡，在一个地方开始了安逸的生活，这又是另外一回事了。最好的友情，往往都是从某种相似的习性开始稀里糊涂进行交往，而后随着交往的逐步加深，才渐渐开始发现当中的价值与美好。

为了让自己获得"心理上的平衡"，也希望人们能够给予我宽恕，我将自己的某些观点向两位英明、和善又宽容的女士进行了宣告。之后我们还有了更深层次的交往，她们都有着尊贵的社会地位，不过对于这些，我从不在意。对于她们对我提出的宝贵建议，我并不打算进行展示，我认为这是对她们的一种尊重。我坦诚地对她们说，这一章的写作我并没有完成。我需要某种灵感上的刺激，才能将本章的最后段落完成。在此，我不能照搬她们的原话。我觉得，阐述这个问题时她们采用的是一种象征性的语言，就好像两个极具创新意识的人，把祭台上的谷、酒、油都看作了另外一种美丽又神秘的事物，在朋友面前展示出来。不过，她们表示，虽然不能说是错误的，但我只不过是对友情的一些外在表现进行了描写。她们表达了自己对于真正的友情核心所在的看法，对此，我认为自己必须毫无保留地表述出来。但当我要求她们举出某个表达友情纯洁与高尚的例子，或是两个同性或异性之间的友情逐渐完善与饱满，并且两人不能是情人或夫妻关系的例子时，她们却认为极其困难。

当我们在普通人的友情中间筛选时，发现总是会有一两个这样的情况出现，不过大部分都已经步入逐渐"凋落"阶段。事实其实是这样的：能够在情感领域形成这样最为高级纽带的主人公们，是多数女性和极少数男性。我们都认为，男性更喜欢从婚姻中寻找到自己想要的，因为个人情感需求对于他们来说不会形成某种依赖，而只是一种兴趣。随着年龄的逐渐增加，在现实生活中所发生的人生困扰、社会变迁、结构更新、观念进步、自然探寻，等等，这些都成为将男人们的精力逐渐消磨殆尽的因素。他们慢慢发觉，家庭才是自身情感最好的寄存处，因此，他们会觉得沉浸于其他情感关系中的男性太过于多愁善感了。

女性或者柔弱的男性是真正充满情感需要的人。这些情感都带着些许遗憾，以至于不能传达任何满足和优越感，就像一位母亲为了安慰因为小梦想破灭而沮丧的孩子，低声细语地在他耳旁讲述另外一个有关希望的故事。可是我发现，还有一个能被其他心灵所吸引的角落，蕴藏在自己心灵的一角，而且使我们能在高尚与伟大的情感中感到身心愉悦。那些长期被忧郁和病态所压迫的人们，应该试着进行一次阳光浴，想象自己可能从这温暖的光线中获得的任何益处。能够体会到由和煦的阳光所带来的愉悦与舒坦，才能称得上真正的人生。虽然我会用另一种称呼来指代，但我还是很理解她们口中的这些情感。我认为这里面的确包含着一种极为单纯的爱，这种爱被削去了阳刚之气，夹杂在某种占有欲中。因此，这种关系会一直深化与发展，直至某种在精神上举足轻重的纽带出现。哪怕被分离阻碍，因为沉郁的心灵甚至生死相隔而疏离，但这种关系的永恒性却是不会有所改变的。

两人在交谈时偶尔一次如电光火石般眼神交流，似乎就能听到来自对方心中澎湃的声音，这声音又像被紧紧地困在某栋建筑物里一般，在里面回荡着不能外泄，而别人也无法走进。不过我却无法对这种声音的存在表示怀疑，因为它的确回荡在那里。古代有一位教士曾说过：他坚信，并向上天祷告，帮助解决他的疑问。我认为，当我无限地展开自己的人生经验，并心怀感激与忠诚之时，那便是到了另外一个境界。那些心灵的交流、性情的融合，都不容许我去怀疑！我在如流水般的温暖阳光中体会到涅槃重生的感觉，就仿佛一颗被灼烧的心，洒落遍地。

一位油滑而又愤世嫉俗的拉丁诗人曾在给他的朋友的一封回信中写道："啊！假如命运要将你从我手中蛮横地夺走，那我将如何安放这另一半的灵魂？又有何处能够将我安放？"我们经常会急不可待地对某些世俗而又冷酷的人进行谴责，可是就算是在木材燃烧出的熊熊火光中，也会有零星的火苗跳跃其中。人们心中是否真的能够永远埋藏这个秘密？假如人们能够一直保持这种亲密的情感，伴随着时光的推移，心灵与另外一颗心会情不自禁地关联在一起，彼此在脑子里留下的印象也会渐渐模糊、分辨不清。就这样陷入沉醉之中，不过这些沉醉究竟有没有价值？我们在得到某些东西的同时，总是会付出一些代价，我们的赞美与渴望并不能使蓟草成为葡萄，也无法让橡树变成玫瑰。我们不用怀疑上天赐予了某些人很宝贵的天赋，也不用抱怨我们被上天所遗忘。我居住在埃里岛上，能够从远处看到这样的景色：在高处的沼泽地和永远被风占领的农场上，可以看到山谷坐落在远处的村庄里，村落里的烟囱中飘出的缕缕炊烟，在树林之间萦绕，就像要在那里筑巢一般。而尖锐的塔尖仿佛就如伸出的手指，愉悦地指向天际。倘若我们的梦想都能成真，那人生变得可爱的同时又显得有些可怜。倘若我们能对眼前的事物和景象感到知足，也许反而能体会到别样的感受。

二

    在这个世界上，友情应该是最为廉价而又最易得到的乐趣了，不需要巨额的花费，也不需要耗费多少时间或遇到什么烦恼。只要你愿意，我们就能交到朋友。友情建立的方式，就如诗人在编制挂毯时也能进行诗歌创作一般，友情的获得也是如此。而当你全心全意做着某件事情时，友情往往就在这个时候到来了。不管是在工作、旅行、吃饭或是散步，任何状态下我们都能交到朋友。我这里所说的友情，并不只限于那些"混个面熟"的，而是能让双方感受到彼此需求，互相交流观点与阅历的一种情谊。如果双方都能感受到共鸣，那将会产生极大的乐趣。因为发现朋友与自己心目中所想的相近是件非常难得的事情；而要是发现彼此间有些观点不一致，那就更有意思了，因为这些不一致能让我们在增长见识的同时感受到其中的乐趣。当然，因为有限的时间与空间，人不能奢望自己能交到很多朋友。假如一个人只顾着不停发展新的友情，那么想要维系旧的友情纽带就比较困难了，并且忌妒感会在这个过程中悄悄潜伏进来。而在这个世界能带来最多乐趣的，莫过于感知自己受人需要、欢迎、想念与喜爱这些情形了。倘若知道别人比自己更加受人尊敬与欢迎，想要以平静与大度的心态来接受这一事实是很困难的。庆幸的是，当双方都确定再没有任何疑虑、忌妒和误会存在于两人之间，友情还是会重新回到身边。就算我们没有见到对方或收到他的来信，还是会如往常一样看待他，将那段中断的友谊重新系起。

不知是从何时、何地，以怎样的一种方式开始，双方的内心突然都多了一种奇特的感觉，能够互相感受到彼此共同的兴趣、自信和爱慕之情，我想这应该是世界上最为美好与质朴的一种乐趣了。无论是一个眼神还是一句普通的话语，都能体现出友情的存在。人们逐渐认识到，有一种默契已经在彼此之间悄然升起，这是只存在于两人之间的一种感觉，别人很难对其作出界定和分析。就像一位法国作家曾说过的那样："因为是你，因为是我。"在这里，我并有打算谈论被世人称之为"爱情"的东西，那是更为深入与神秘的一种境界，它的热情与煽惑叫人更加捉摸不定，是一种完全不同的情感。我这里所说的，是建立在信任的基础上，能够使人平静与满足的一种情感。旧石器时代的祖先们给我们留下了猛烈的攻击意识，就像狗会对陌生人狂叫一样，我们也会对陌生者报以疑虑和不信任的态度。这种本能的防备心理在现代社会尤为显著，每个人都建起了坚硬的心防。不过，当朋友向我们靠近时，我们心中会产生这种想法："不管发生什么，他都会给我支持的。我可以对他掏心掏肺，不用担心会有任何误解。也许我们在观点上会有所不一致，但绝对没有恶意，我所提出的批评与指责，对方都不会记恨在心里。要是别人对我有所误解，他肯定会站在我这一边。假如我需要帮助，他肯定会立即给予；如果我也能帮他做点什么，那该多么幸运和充满乐趣啊！"

当然，我在说交友很容易的时候也没有忘记，这对于有些人来说却是非常困难的事情。我认识几位性情容易感伤的人，他们对友情非常渴望，却很难收获友情。他们缺乏交际技巧，很难和人相处。他们总是对正确的人说着错误的话，正确的话却说给了错误的人。如果单单只看性情当中质朴的一面，他们也显得很优秀。可是他们总是无法掌握说话的时机，总是在应该沉默的时候聒噪不已。他们总是大惊小怪，可是友情出现的过程往往都是无意识与循序渐进的，我们不能对人有所压制或是攻击。也许人们能够通过炫耀得到他人的羡慕，但却无法得到他人衷心的赞美。关于那些急于结交朋友之人，最为低劣的地方在于，他们总是通过炫耀自己赢取别人的关注，过于炫目。

盎格鲁-撒克逊是很有意思的一个民族，尽管不太受外国人的喜爱，但我们依旧情感丰富、多愁善感。在别人眼中，我们淘气、缺乏情感，如天气般善变，又如天空一般沉闷。呵！真是摇摆不定的不列颠人。而我们的坦率与举世无双的诚实，则是我们最为自豪的地方。但我们又在欧洲众国当中，被视为最没有信仰的国度。我们常说英国人一言九鼎，对此外国人也表示赞同，因为他们坚信这两点都是骗人的：我们总是说着谎言，而我们的承诺更是一文不值。可我相信，我们对友情的态度是极其忠诚的，我们不会随意记恨，而是会尽快腾出空间给别人，随时做好宽容别人的准备，将一些令人不快的事情忘记。

有趣的是，尽管在交友方面英国人很有天赋，但我们却在很早的时候就将自己的思想固定了。有时在学校或是大学里获得的友情，能一辈子延续下去，带着浓烈的浪漫色彩。随着时间的流逝，我们逐渐变得因循守旧、自以为是，开始觉得增加内涵实在太过麻烦，于是不少人都会丧失这种能力。我总是认为，许多步入老年的英国人开始变得小心翼翼，这种变化实在没有必要。总是会有一些人与我共进晚餐，我告诉他们："假如你能说出自己的真心话，而不仅限于那些守旧的思想，我肯定会喜欢你、信任你并且愿意和你谈话。我们都有各自的经历、想法和观点，为什么不把这些说出来，而是要去谈论那些彼此都不感兴趣的事情呢？这种你一句、我一句随意敷衍的谈话就像让人感到疲惫的'草地网球'，不玩也罢。"很显然，这是不够坦诚的结果。外国人总是觉得我们这种规避现实的做法很滑稽，而其实我们只不过是害羞罢了。不过，相比起其他题材，人们却可以在英国的诗歌与散文中，找到更多的关于朋友或友谊的主题。这说明不管我们在情感上说什么或者佯装想什么，真正炽热、纯粹的情感其实就在那里，还有一颗闪着光的心。

倘若我们的试探阶段全部结束，人之间的隔阂被填满，全部平常的油滑都被抹掉，朋友间能够相互信任与喜爱，那究竟还有什么是我们想要感觉、索取或付出的呢？

一开始，让我谦虚地说，不要将朋友的缺点告诉他们，也不要让别人说出我们自己的缺点！当然，这个原则在某些紧急情况下可能不太适用。我们这一生中，将朋友自己没有意识到的缺点告诉他，也许是一个让人感到悲哀又无奈的责任吧！然而就算只有一次，也会对他造成真正的伤害。通常来说，关于自己缺点我们肯定要比别人更加清楚。

另外，我们不能抱着能时刻炫耀自己情感的希望，就仿佛手里挥舞着旗帜，口中吹响了情感的小号一般。也许只有在我们想要表达自己的感动或雀跃的快乐时分，我们才可以放肆一下。我们想要得到的，是对友谊的考验。我们能够毫无顾忌地将自己的内心展露出来，不再对某些话题刻意回避，能够坦诚、自然地说出那些喜怒哀乐，而压根不再去想要制造氛围，或是想要去赢取别人的目光。不论是否有耐心，我们都要用心去倾听。这并不是一件思想复杂的事情，你只需要确定一件事情，那就是在不知不觉中，两颗心竟然越靠越近，尽管陌生却又如此亲近，在同样的朝圣之路上相依相偎，彼此依靠。陪伴着对方的没有秘密，只有快乐，彼此都坚定地认为，在此时此地，友情不会终结，更不会消失。

　　能够在人生之路上，将信任、信念以及陪伴单纯地给予别人，那将是世上最为美好的一件事情。不为私欲，不因无聊，而是全然发自内心的善意、友好以及信任。我很庆幸自己能认识一些人，他们对自己具有天赋的这件事情完全没有概念，他们总是认为别人也和自己一样真诚与善良。所以，他们的友善就像阳光一般，照亮与温暖着冰冷的心房。这可不是任何人都能做到的，因为在这当中，有一种能让人的言行举止以及笑容都充满吸引力的力量，人们将其称为"魅力"。不过，我们可以抛弃蛮横的推断、收起可耻的嘲笑、放下怀疑的警戒，避免自己给别人造成伤害。倘若我们不能做到慷慨或热诚，那么至少也不能性格急躁、吹毛求疵，留给别人冷酷与无趣的印象。曾经一位总是愤世嫉俗并且恼怒成性的人问他的朋友："为什么别人都不喜欢我？"这不是应该奉承的时候，他的朋友笑着反问他："你真的不知道原因吗？"一阵漫长的沉默之后，那人轻轻点了点头，微笑道："我想我知道了。"

第三章

幽默能让人免于自大

一

在我看来，从伦理的角度上看，实际上幽默本身并未取得它应有的荣誉。信念、希望与博爱都无法让人免于自大，而幽默可以。

我要说一个很有意思的故事。一位剑桥大学的女学生在圣三一图书馆的一堵矮墙上，发现了四幅寓言式的人物画像。女性通常会产生某些不太正确的直觉，比如这位女学生就认为每个男生都喜欢对事物进行解释，因此，她认为有必要让这些富有才华的年轻人对此解释一番。而后，她鼓起勇气问了一个男生，这位男生名叫杰克："嗨！杰克，他们都是谁啊？"也是头次看到这些画像的杰克稍微思索了一下，便笑着回答："他们是信念、希望、博爱和……"

"还有一个呢？"女生追问。

"是的，还有一个！"杰克并没有灰心，他用某种富有哲学的方式注视着画中人的眼睛，然后坚定的回答："没错，另外一个是地理。"这实在是很有趣的一个"四人组合"！

我常常会产生这样的想法，如果有机会要在仁慈的分级里增加一个等级。也许在原始低级的时代里，有信念、希望和博爱就足矣。可是在现在这样不断扩展的世界中，我想很有必要在这三项基础上再加上一种品格。虽然人们可以使自己充满信念、希望和博爱，但想要达成的愿望还有许多。也许人们会借助某些设备做一些对社会有益的事情，但这个人极有可能是个非常无聊乃至荒谬的人。所以，我希望能在仁慈的等级上能加上一种诙谐的幽默。

我个人觉得，幽默从伦理的角度来说，并未获得它应得的荣誉。和信念、希望和博爱不同，幽默能使人避免自大，而前三者则不但不能做到这点，有时反而会使人的优越感膨胀至极致。我认为，当全球各地开始进行基督教的传播时，最为需要的特性是一种坚不可摧且充满热情的认真精神。认真是这个世界上最能使人生显得充实与有趣的东西。往往那些看淡红尘，喜欢大笑或者风趣的人，并非是这世上最开心的人，因为他们都会体会到一波三折的人生，他们时而登上愉悦的顶峰，时而又坠入忧郁又无趣的深渊。不过，因为认真的人总是没有工夫想得太多，所以他们往往不是快乐，就是无趣。

基督教的早期信徒迫切地希望将教义传播至全球，所以他们根本没有工夫去感受当中的焦虑与忐忑。在所有教义的传播初期，先驱者是不能具备幽默品格的，这是被大家公认的事实。不过，如今的世界已经出现了天翻地覆的变化，作为一种不再实用的理论，人们对于基督原则的需求已经不再强烈，基督教已经成为一种可供人们选择的信仰方式而存在。其实，幽默并不能使人完全感到忧郁或者快乐。这个世界并不完美，幽默者的哀叹与笑容其实各自占据了生活的一部分。幽默本身就是一种荒诞，是对生活的夸张以及从生活的观察力繁衍出的另一种外在需要。一个愤世嫉俗者是无法成为真正的幽默者的，当幽默也变得愤世嫉俗，那它原本具有的自然风采也就不复存在了。由一颗颗敏感的心灵所汇聚成的集体智慧结晶，才是幽默真正的本质，你可以自然地使用各种借口去安慰或体谅他人，在幽默的影响下，这样的行为是不会显得荒诞和沉重的。

幽默当中的一小部分内涵自然就是智趣了。两者之间的关系就像闪电和电流一般，会在特定的情况下展现出生动、明亮与爆裂的特性。不过，一个真正具有幽默感的人很有可能在现实中表达不出任何幽默的语句。拥有无拘无束的想象力才能打开智力的大门，使自己变得敏锐，才能真正获得智趣。可是，对于幽默来说，这些还太少。

在历史上曾经出现过罄竹难书的灾难，从某种程度上说，这是由于宗教领域中长期缺乏幽默而造成的。任何充满理性的人都会认为，神学是对宗教压制贬斥最为严重的领域。神学本身就能混淆人们的精神，使人们在无关紧要的事情上下最大功夫；为一些并不重要的规则放弃了更为重要的原则；使他们对教条教义盲目崇拜，由于过于在意繁文缛节而忘记了质朴。更为不幸的是，神学还在其精髓中融入了后者。宗教上最为糟糕的，莫过于教义最终腐化成了一种逻辑，从某些并不完美的数据中提炼出一套看似合理的体系。可是，这种逻辑深受幽默的憎恨，它根本无法将信念建立在这并不靠谱的推算上。历史的传承与沉淀才是宗教所遗留下最重要的东西，而所有因循守旧与古板事物都是幽默的天敌。只有伪善才会对以往的权威不问是非地言听计从，而幽默的精神却体现在，它对于所有富有跳跃性、变化性以及颠覆性的新鲜事物的热爱。

为什么一些宗教所宣扬的内容会使人感到抑郁和沮丧，是因为那里只能使人表现出安静与温和的一面，却不能容下你的笑声。让人们想象世间包括天真的、荒诞的、友好的等一切的笑容都会消失，难怪人们会沮丧。这些教义为了约束人们的笑声，制定出各种规矩，甚至妄称笑声是对神最大的亵渎。所以当一个幽默的人用死亡挑战生硬的神论时，人们会体会到格外的悲伤。

因为曾经那个充满魅力和自然的人已经不复存在，只能留存于脑海之中了。

就连弥尔顿狂暴式幽默都要比那些阴暗的东西更加地道。人们不会忘记他描述的天使模样，让亚当谐谑地称天文学之所以如此高深，完全是由于造物者的原因。也许上天的乐趣之一正是看着这些满脑子问号的科学家们。

"创造者在造物时留下了争议；也许，这能让他的笑容永远流传在古怪的想法中。"

当武装的六翼天使被科学家们成功地用大炮摧毁时，我们能听到从人群中发出的一些严重扭曲的空洞笑声。弥尔顿当然不想让天国失去幽默，可是遗憾的是，他依旧受着自己童年阴影的影响，只能在别人的痛苦与灾难中找到最沉重的乐趣。

也许会有人问，幽默是否真的存在于基督教义中？对此我的回答是非常肯定的。有一幅画的主人公是一个小孩，他在集市上玩耍时，坚决不让脾气坏的伙伴们参与他的游戏，也不管他们究竟是喜是悲。这幅画表达的就是一种绝妙的幽默。另外，还有一个故事讲述了一位寡妇不断纠缠某位不公的法官，于是法官将判决结果提前泄露了出来。对此法官表示："我并不畏惧上天和人，但这个寡妇老是来烦我，我会给她报复的。"我想这个故事也只是想博君一笑罢了。当然，像这样的事情并不多。不过，基督的传教士们并没有寻找类似的事迹并将幽默传播出去的想法。我觉得，世上最为美妙和动听的故事一定来自于能够感受心灵正常跳动的人。他们在展示自己举世无双的能力之时，却不能让听众感受到扼要而诙谐的语句，无法在听众的心中形成共鸣，体会到一幅诗意的画卷，这究竟应该怪谁呢？

人类那满怀幽默的心智，却没有人能够将它展现出来，才导致人们遗忘了自己脸上曾经显现过的快乐。幽默就如断线的风筝，让人无法控制，人们更加不能怀着知足与愉悦的心情去体会内心的感触。耶稣用手触摸到了生活，他的箴言直击人心。这让我真切地体会到，他在与朋友或信徒接触的过程中，肯定不会有由于过于认真的凝重而带来的无趣与空虚。我们坚信他是一个完美的人，他身上彰显出的性情，体现了所有凡人能够想象到的全部美好与充满生机的品格。

我们在《新约》中几乎找不到幽默存在的痕迹。人们也会忍不住猜测，圣保罗真的对幽默没有任何怜悯心吗？他刚强、果断，为了实现自己的理想投入了自己全部精力，却失去了探究人性的闲心与心力。我有时会认为，假如他真的具有幽默的品质，那么对于信仰他可能会有完全不同的看法。他从犹太神学那里继承了运用方法，再将自己的想象融入进去最终完成了那些充满激情的词句。我想，也许这就是将基督教从质朴与真诚中分离出来的第一步，原本那些纯真的行为和对信仰的宽容，都变得死板、僵化之后的信仰旨意明确并且必须在智力上进行诠释与说明。

歌德曾经说过，人类的心智是一把匕首，而希望文明则是它最合适的护套。在希望文明中，人们当然能够找到人类心智最为绚烂的文明成果。然而，至于这朵幽香灿烂、形状色泽都堪称完美的希腊文明之花，为什么会在那般久远的年代，在那陌生与孤独中突然盛开？实在叫人吃惊。他们称其为"Charis"，这一充满魅力的词汇充分地表达出希腊文明那如孩童般灿烂的激情以及心智成熟的品位，在他们精神的印记上释放出优雅的本能。因此，就如他们的文学作品中体现出的其他品质一样，我们渴望这种升华之后的幽默感同样也能出现其中。可是让人惋惜的是，很多那个时代的喜剧都已经失传了。在米南德的作品中，仿佛就像是一个破碎的花瓶，只能找到一些琐细的碎片；而阿里斯托芬的作品则散发出一种十分罕见又温馨的"率真"，恣意挥霍着某些荒诞的笑料。此外，那位温情又有魅力的柏拉图，虽然不及阿里斯托芬智趣，但在幽默上却要技高一筹。可是，在希望文学界中，在文学中融入幽默成分这种做法，却是后继无人的状态。通常在古代文学中，大部分都倾向于带有某种庄严的感伤，要么就是正色庄容地叙述某件事情，关注点基本都在人类的命运和对艺术的探究上。要向在罗马人那充满生机与胆气的心中探寻到幽默的痕迹，实属不易。有意思的是，古罗马人的戏剧大部分都是由希腊喜剧改编而来。我一直无法从特伦斯与普劳图斯之间，找到明显的差别。路德说过一句话，假如让他独自一人在孤岛生存，那么他会带上典籍与《普劳图斯》。这让我很是吃惊。

古代世界离我们渐渐远去，人类的文明以英法两国文化为主轴重新崛起，我们将处于一个更加壮大与先进的文化等级之上。我们可以毫不犹豫地说，除了各式各样的品牌，我们还有了大量质量参差不齐的幽默。英国人谐谑的调侃、苏格兰人顽皮的深重、美国人无趣却又锦上添花的酒话等，出现了越来越多的现代幽默形式，倘若想要为它的起源与发展做一个历史上的总结，想必要花费不少工夫。而竟然没有任何德国哲学家试着对该问题进行科学分类，这是最让我感到奇怪的事情。可能那些不懂幽默的人，才是这工作最合适不过的人选。因为，这样才能最大限度地避免因为个人成见而产生的偏差。也许，应该把它作为一种纯粹的现象或心灵前兆来研究，假如只单纯地依靠对于分类学的狂热，我想反而会使学生忘却自己的渺小。

我不愿意将幽默固定在某个特定的形式或意义上，而是想把幽默真正的原始本质挖掘出来，进行研究。这仿佛就如氩气一般，它可以消除掉其他特征，让最原始的那种神秘特性散发出来，叫人难以自拔。

我认为，在人性中隐藏着幽默。比目鱼有一张夸张的嘴和一双无精打采的眼睛；翻车鱼那圆滚滚的体型已经无药可救；金鱼无时无刻都瞪着眼睛，一脸悲愤的样子；家禽站在牲口棚前，显得惊慌失措却又无可奈何；野猪拖着粗壮的身躯，蛮横地四处冲撞；鹦鹉站在树枝上，看着你的眼神认真而狡黠。假如我们能从某种富有想象力的角度去分析以上这些动物，那么你将发现幽默一直存在于我们身边，无所不在。当我们觉察到这一切都和幽默有关联后，便情不自禁地将这些动物的特征和人类的表情做了一番对照。人们将一些可能连它们本身都无法体会的情感赋予了这些动物，而这也是一种深藏于人性中的幽默。可是尽管如此，有些事情我们依旧无法解释，比如这些动物身上对于它们来说极为自然的表情与举止，在我们眼中却成了可以引人发笑的因素。而我们所犯的"错误"，可能就是在这种富有创造性的精神中强加进了人类的情感。不过，从另一个角度来说，假如没有任何物质或生理本能的需求，是很难见到更为复杂的情感出现在这些动物身上的，除非在造物者的心灵中早就已经存在与其相同的情感了。

这些情形很容易使人产生共鸣。倘若傍晚时分，有画眉向着冷清的林子引吭高歌；倘若孩子们看到膨大多刺的仙人球，露出快乐的笑容。我认为，那一定是有什么令人欢愉的东西在他们心中，才值得他们去真心地微笑，这也是人性深处对于某些事物的热爱，能让人看到快乐与美好的本质。当然，只有健康知足，才会发出这样的自然信号。

很多人还是会有疑问：难道某种自私的自我满足感就是幽默存在的基础吗？可是，当我们面对一些奇妙、怪异、零碎、忐忑或虚幻的事物而发笑时，难道仅仅是因为它们将我们的自身健康和安全感增强了吗？实际上我所说的，并不是指这就是现代社会下的幽默产物。不过，从另一个方面来思考，这极有可能就是幽默产生的根源。我们之所以发笑，难道不就是用一种孩童式纯粹的冲动去感知了来自于周遭事物的乐趣吗？这个源头并非是别人的苦难，而是将所有对于这些扭曲事物的感觉都集中起来了。因为我们总会认为，至少现在我们要比别人幸福。小孩子并不完全是因为快乐才会发笑，他们最为严肃认真的时候，正是他极度快乐的时候。不过，就像小孩子从挠痒痒中体会到快乐的痛苦一样，当他感受到自己的健康与安全时，也会大笑起来。而这种轻微的不安，正是让孩子们感受到自身健康和安全的条件。

让我们现在来做更进一步的思考，实际上，有这么一种规律存在于更深刻的思想中。我们都知道，包括人类在内的所有生物都有自己生老病死的生命规律。可是，有没有更深层次的法则隐藏在这种规律之下呢？我们认为自然是永远年轻、永远强大的，然而世界上的不幸的灾难与困苦，不正是在同自然一起憔悴和衰老吗？也许，在那个神话与科学都没有出现的远古时代，自然也曾朝气蓬勃过。这个世界上现在充满了太多的悲伤，而这种悲伤并不像是因为垂老而散发出的，而更像是一种成熟的悲伤。这个世界的心脏仍在跳动，她是不会衰败的，她的血管依旧充满着活力，心中满怀希望。这个世界存在着的是一种富有美感的年轻的忧郁，她本身就对未来和梦想充满了渴望，哪怕现在她正在遭受挫折，可她依旧坚信最后的胜利终将属于自己。也许正是因为在这样美好的愿景之前被重重阻碍聚集成了一个暗影，幽默才会在这个世界上重新浮起。幽默寄生在那里，年轻人斗志昂扬，他们相信没有什么是不可能的；而成熟些的人则会认为希望是难以实现的，于是他们便在希望与现实间的边界线上，盼望幽默的来临，感念最真实的笑容。

我们能从那些隐藏着的幽默中认识到自身的局限性，从而能够更清楚地认清现实。事实证明，一些蔚然成风的普通原则当中其实充满了各种假象。人类对于自身重要性的傲慢态度充斥了整个古代历史，他们觉得任何事物都是因为人类而存在：花儿是为了让人类欣赏颜色和花香；动物们是为了给人类提供食物和制造乐趣。人是万物存在的标准，这句话是对这种思想最好的概括了。不过如今我们已经醒悟，人类不过只是目前存在于这个世界上最为精巧和奇妙的一种生物罢了。假如人类在某一天灭亡，未来一种更为发达的生物看待曾经出现过的人类，正如现在我们去看几百万年前的三叶虫等奇特生物一样没有差别。而三叶虫也曾是那个时代最高级的物种。我们所追求的永恒、极致的理想，很有可能只是自身的一种浮夸与傲慢而已，这却也是最为荒诞和可笑的事情了。

刚才我将人类以往前进的步伐稍微追溯了一下，在某种程度上，幽默的本质对于不协调的本身似乎有所感知。我说一个关于醉汉的故事作为例子。有人看见一个醉汉在伦敦广场的栏杆上不停地原地打圈，实际上，醉汉只不过想找到广场的入口，终于他累了，停下来坐在地上，忍不住痛哭起来，最后他悲痛地说道："我被关住了！"这句话从某种层面上来说，是很有哲理的。因为醉汉认为，只有广场上的花园和鲜花才是他向往的自由，而广场外的任何地方都成了他眼中的牢狱。在广场花园外绕圈的他，就如被监禁了一般。我再说一个例子，一个苏格兰人喝醉了酒，他认为灯杆在地面投下的影子是一片积水，于是他小心谨慎地跳过了这片阴影。而当他看到教堂在地面上投下的庞大阴影时，他把袜子和鞋子脱了下来，并卷起裤腿，气呼呼地说："看样子，我只能蹚水过河了！"这些醉汉的故事经常出现在一个信奉基督教的国度里，这看上去的确让人很是揪心和遗憾。可是，不能否认的是，正是因为这些醉汉们失去了清醒时的尺度与分辨感，在自己的幻觉中抱怨与指责，才使这些故事看上去充满了幽默感。而这些情形就相当于原始状态下普通的幽默。

前面我们已经说过，对别人的落井下石正是幽默的源头，在中国有句成语"五十步笑百步"，正是这种情形的经典实例。在这种幽默中，我们看到了别人困在了自己的臆想中，看到了别人的沉迷不悟，因此从内心产生了笑意。这时的幽默，来源于我们所看到的别人的悲剧，可是造成这种悲剧的实际因素，却是一种凭空臆想，这就是我们所谓的智趣幽默了。乔治·桑有句话道出了其中一小部分道理："修辞是最能滋养人的了。苏格兰的一个爱国者称道，莎士比亚一定是苏格兰人，而他说这句话的理由仅仅是因为莎翁本身具有的才华。"是否能体会到这句话中的幽默，取决于对辞藻的认知程度。这当中，建立了更为深奥的理念和更为火热的情感。往往人们在到达这一层次之时，便进入了一种沉醉与豪迈的情绪当中，而以往的个性早已不在。乔治所说的关于莎翁的幽默，由于他对于某国的热爱，从某种意义上来说，能让人忽略了他话语中的合理性，从而放大了幽默。

　　我们同样能意识到，自己对于其他国民弱点或不足的感知，在很大程度上决定了幽默感的强弱。一名著名的政治家曾说，倘若一名苏格兰人应聘失败了，那么他接下来要做的就是确保另外一名苏格兰人能得到这个职位；而如果换成是爱尔兰人应聘失败，那么他将会想方设法阻止自己的同胞获得这个职位。这位政治家用一种幽默的方式，将苏格兰人的严重的排外爱国主义以及爱尔兰人崇尚个人主义的性情特征形象地表达了出来，让人在轻松一笑的同时，也将这两类人的本质印象深深地留在了脑海里。这种幽默最有趣的地方在于，当我们的某种典型印象被其他国家用漫画的形式描绘出来时，我们竟然浑然不觉。德国人很难理解英国人为什么会对他们有如此印象：当他们吃饱喝足，抽完若干根雪茄之后，竟然聚在一起讨论真理的专业术语，另外当聊到诗歌或某种曲调时，还会热泪盈眶。同样，英国人对于当时自己在法国统治下所形成的某些习俗也很难理解：穿着麻呢衣服、留着很长络腮胡子的男人们，旁边走着枯瘦如柴、穿着锯齿状上衣短裙的妻子，而跟在他们身后的一群女儿，和母亲是同样的打扮。

要想成为一位能够认清本国国民荒诞之处的幽默作家，那得需要多么强烈的幽默感啊！能够自在地默许某些表面上的荒诞，其实是另外一种思想高度的成果。一些有趣的人身上，通常都存在着这种幽默的乐趣。然而，不知道有多少人并不因为自己在无意中取悦了别人而感到不悦。假如一个人真正具备了博爱的素质，那么，在带给别人健康快乐的同时，他也将体会到巨大的幸福感。

认真对待"幽默"。其实，大部分英国人对于幽默的理解都是前后自相矛盾的，他们都被老套的传统陷阱给套住了。此外，我们在现实当中所理解的幽默，大部分都鉴于一个统一的原则，即不论是什么样的幽默，不问青红皂白，全都假设是错误的。万一这种幽默被滥用过度，那幽默将在某个固定的模式下被无限制地复制，质量也无法保证。这样的幽默让幽默者如坐针毡，担心自己无法被人理解，这就好像一颗定时炸弹被装在了幽默者身边。对于这种幽默的存在价值，我并没有全盘否定，不过我认为这种幽默的保质期不会太长，很快它就会让人感到枯燥无趣。如今，有很多朝气又直率的聪明年轻人，因为害怕别人认为自己幼稚，便将自己的重心转到了世俗的写作上面，反而丢掉了自己能力范围内的一些美好情感的表达。他们认为，自己那颗充满爱的心，远远不及让那些心智愚钝的人对自己羡慕的微笑来得更重要。

通过以上我们不难得出结论，真正的幽默具有更为深厚与广泛的意义，只有对这个世界有了更深的认识后，人们才会真正地理解它。可是太多的悲痛与严肃，在我们的人生旅途中，已经失去了欢乐的位置，于是，这种对幽默的阅历就转化成了一种对情感的认知。幽默作家们总是想让自己一直拥有童心，让自己永远保持孩童的天真与热情、宽容与快乐，可是这种心境是无法强求的，因为，幽默不是后天的努力能够塑造的，它是一种与生俱来的天赋。

我们总是感叹，那些拼命奋斗的年轻人，因为工作而失去了幽默感。但是我们也可以这样认为，只有放弃幽默所带来的所谓快乐，才会得到更有利于他们的自身发展。

人们常常会说，幽默者想要成为传教士或领袖是一件很困难的事情，因为这是两个很庄严的头衔。有时，人们也会发现，一个真正的天才总是能用一种有趣的心态去面对生活中那些看起来似乎有些荒唐的事情，并从中获得更为深刻与高明的见解。这种人就像一条表面汹涌，水下却平静的河流，在人生的长河中剧烈翻滚，身旁的事物在阳光照耀之下水波潋滟。大部分人都要渡过这条浑浊而寂寞的河流，在艰辛中闯过人生的每一道关卡。而另一批人，则可能迷失在这激流的河水中，就如一条缓缓流淌的小溪一般默默无闻。

也许会有人认为，必须要有强硬的个性一面，才有可能成为真正的幽默者。我想，这就是为什么男性通常要比女性幽默的原因吧。不过，为此那些幽默的男性也付出了一些代价，他们可能会变得怯弱、怠懈和鄙陋。就我来说，我不愿意为了成为世界上最幽默的人，而放弃让自己变得强健、温和、忠诚与崇高的机会。假如有人能将幽默和这些优点结合，那么他将拥有叫人难以抗拒的魅力和完美的尺度感，他能很好地控制自己的情感，也不会让美德僵硬地成为古板的教条。所以，我想表达的是，幽默具有一种神性的魅力，它将艺术的尺度感与一种真正而重要的包容很好地展现出来，促使人们走向博爱。

二

经过了一个漫长与阴郁的冬季后，春天终于迈开了脚步，向我们走来。沉寂的村庄突然下起了雨，大地如干渴的鱼儿一般贪婪地吮吸着。田野和小道上是细细流水与破浪堤的身影，这是从未见过的景象。灌木丛与树篱依旧萧条着，找不到绿色的身影，而花朵却已有想要大肆盛开的迹象。昨天在一片桦树林中，偶然发现了几处蓄势待发的紫色树丫；一股苏醒的活力从身后广阔的森林中穿透出来，那是正在回归的生命力。昨日从南方呼啸而来的风也已不见了踪影。灿烂的阳光突然间出现，照射着万物，仿佛整个大地都在因复苏而欢欣鼓舞，慵懒的春天总是带着一种疑惑的乐趣。

这可是这位内敛作家在书中的唯一一次抱怨。可我对此却并不认同。

假如人们手头并不忙碌，那自然就能体会到春天的美妙。可我将心思都花在了自己的工作上，甚至在那些没有工作的日子中我还有所抱怨。但如果出去踏青，那立马就能体会到荷马所说的"双膝与心灵都会放松"这种状态了。人们紧绷的思想会松弛下来，变得不再那么果断，意识也不再清晰，也不需要再专注于某一点。济慈将3℃时那种昏昏欲睡的慵懒称为春之"奢华"，可我并不太喜欢。当某件事情只需要强烈的心灵专注或者自身优势的发挥就能完成时，我喜欢将自己的思想偶尔"冰冻"一下。不过，这只是我的私下感想罢了。

今天，我缓缓漫步在乡村小道上，沿途都是葱葱的灌木丛，我内心突然有了一种感觉，也许一些美妙的事情就要发生。鸟儿发出细杂而甜蜜的叫声，灌木丛中爬满了苔丝的须根，樱草花丛中羞涩地探出了脑袋，看上去就似一颗颗星星一般，而淡紫色的杜鹃花在溪边绽放出清新的花朵，娇小可爱。这样美丽的奇迹每年都会如期上演。上天啊！这是多么迅速又美丽的一切啊！因为生命的回归，大地万物都在雀跃。树枝上萌发出绿色的新芽，花朵在阳光的抚摸下展开花瓣。还有一些小孩在采摘着鲜花，握成一簇拿在手里。随着自己年龄的增长，这种情形是我越来越不想看到的。我不由猜想，花朵也是有自己的意识的，花蕾因为自身的舒展肯定洋溢着快乐，可是，这样自然发展的过程就这样被打断，原本完整的身体被残忍地撕碎，这必定是一段痛苦的经历。就算被折断的根茎没有痛感，但因为那双小小的手，面对阳光的权利和从阳光中获取快乐的念头就这样被剥夺了，这将多么失望啊！我不忍直视枯萎在林间角落里的花朵，念头一动捡起一片，它们也曾甜美地呼吸过，现在却已凋落、枯萎。

我迈动着脚步，展开自己的思绪。春天在每个年度都会来临，年年如此，就像火车一站站地停留再驶去。曾经总感觉童年的时光太过漫长，但现在，一年到头却仿佛一事无成。我极度热爱着生活，看着美好的时光如此迅速地从眼前溜走，我的内心充满恐慌。在去年的复活节，我一直都待在科特伍德，和我两个乐观的年轻朋友。那是一段非常美好的日子，每天都被快乐包围着。可是，这些日子也不会再回来了。当一个人到了一定的年纪，发现自己的脚步每一年都要比上一年更沉重，步伐也越来越缓慢之时，就能体会到，那些不在自己日常生活轨道之内的美好时光的确是值得加倍珍惜的。

有一个问题一直都不能让我理解：为什么人们待在这美好时光中，好像总是在被催促和追赶一样，思索着怎样把时间尽快打发出去。世间万物好像都在追逐着什么，是遥遥无期的梦想吗？人有一个很奇怪的地方，他们总是能通过想象将某些事情看作是永恒不变的。身体沐浴在和煦的阳光下，随着一阵微风拂来，野蔷薇的清香在空中飘散，和朋友慵懒地躺着，随意谈着天，关于对方的阅历、计划以及人情关系，我们彼此都很了解；小猫咪在月桂树丛中来回跑动着，欣喜而又有些惶恐，为了得到安慰，它偶尔也会跑到人们的身边；在布满常青藤的墙上，有藏头燕雀叽叽喳喳地鸣叫着，好像一段悦耳的歌声。可是，这一切都能保持永恒不变吗？一辆马车呼啸而来，有人穿过了草地，人们只好起身上前，去迎合那些话不投机的拜访者，违心地恭维着。邮递员又送来了一堆需要回复的信件。难道事情只能如此，人们朝思暮想的平和时间就真的不会出现吗？

其实我也不知道会不会有这样的一天。我漫步在幽静的村落中，感受到在心灵中有两种不同的奇特自然本性活动着。从表面上看，这是一颗充满思路、计划与工作的大脑，并不停地在运转着，思考该怎样回应那些令人恼火的问题，惦记着关于他人的事情，想着那些永远做不完的工作，为了将思想转变为现实而奋斗。不过必须承认的是，我们脑子中所想的那些事情，其实大部分都是没有什么特殊价值的。总是会有太多杂念堆积在脑海中，这就和一个国家总是会在遇到问题时不停地增加军备，却希望永远都不会真的用到是一个道理。如果人们能够清除掉那些毫无意义的念头，能够满足于现在质朴的生活，简陋的住宅、朴素的服装、家常便饭与几本好书，那么就能拥有真正的生活。

在某个突然自负的瞬间，在脑海进行反思的时候，就能发现有更为深刻的东西在表面忙碌的大脑下面隐藏着：一个安静的自我正沿着自己的路线前行，秘密地聆听着每个人急躁的计划与狂妄的欲望，做着这样古老、朴素而坦率的事情。就像我们听着小孩的聒噪的话语，却深知其实这并不是真正的人生。更加深层与内在的自我活力四射，充满爱意，能够控制人的心境，感受到和别人不一样的更为奇妙与深沉的情感，这种本能的直觉好像是无法避免的，这完全源自于内在的自我，不受任何责任与理智的牵绊。而更深层的我对于某些场景会产生一种热烈的情感。譬如，倘若我到达一个美丽的村落或者是去攀登高山，那些奇形怪状的山峰、布满皱纹的"面孔"、广阔的荒野以及直流而下的激流就能激荡起我表层的心绪。而我内在的自我却依旧保持着平和与安静。就像我今天漫步在英国的村落时，路旁成荫的树木，一望无际的田野，质朴温馨的农房，历史悠久的村舍，内在的自我深深地爱着这些场景，这种情感已经越过了理智的界限，深层的情感时不时地呐喊着，生机洋溢。可是，这般心智的"神游"却是我一直无法解决的。我和这里并没有特别的联系，只不过居住过几年而已。可是内在的自我却对此感到无比亲切，敞开了心门，自由地拥抱着四周的群山，如饥似渴地亲吻着每一寸土地，这是多么浓烈的爱意啊！

　　我认为这个内在的自我，就是由对过去的缅怀与对未来的期盼共同构成的一种精神。人们无法对它进行控制或塑造，因为它就是人的本身，从未服从过，一直都在指挥着。而它并不会进行理智的分析，仅仅只是存在着而已。记忆和希望就是我的珍宝，假如我遗失了它们，曾经的拼搏与痛苦就会全部遗忘，那我宁愿大脑死去！因为这一切是内在的自我所不能承受的，肉体的痛苦与悲伤决定着它的欣喜与缄默。这就像湖水在微风的抚摸之下泛起的一层涟漪。

不过，若是涉及灵魂的更深处，那就需要外在的思想去研究、争论、权衡与表达了。但内在的自我同样有选择的权利，知道哪些是自己喜欢的。我们之所以会误入歧途，会有猜忌、斗争、暴躁与愤怒，都是因为大部分人都活在自己心灵的浅层之上。由于无法看清真正的人生究竟在何处，才会有那么多的冷酷与不幸出现。我们最容易犯错的时候，就是我们浅层的思想处于旺盛之时。往往只去听从浅层思想的建议而将内心呐喊忽略掉的人，都是最不快乐的。我们不能依靠争论与规划而活，而是要在生活中更多地去追随自己本能的直觉与信念，将更多的精力放在更为深层与令人舒畅的事情上。过多地依靠浅层思想的生活，只会阻碍自己的进步，浪费掉全部的时间。面对自己内心的平静，我们要敢于去相信，不能受到自己理智与想象的惊吓，那么，心灵的平衡就会真的实现。被动有时也是一种聪明的选择，坦然接受平淡，坚信那颗强大与不受干扰的内心，生活中的烦忧就能被洗涤干净。

就在前一天，我与一位多年的知心朋友进行了一次谈话，这位朋友是一位睿智而又温和的医生。他将自己与一位科学界杰出人士的交谈告诉了我，那是一次关于生命起源与演变的讨论。医生说："他告诉我，生命的起源可能要追溯到最原始的腹状物，细胞在那时只会不停地进行自我复制，仅此而已。"听完，我发现了生命中最为坚不可摧的力量，最原始的冲动。尽管无法再对人类继续上溯，但生命的力量却一直存在，没有什么能将其遗忘，它就如上天的思想一般，始终就在那里，始终不灭。

这些话语在今天散步时，再次闯入我的脑海。原来这就是上天的思想啊！这种思想在树林与田野之间游荡，弥漫在空气与光线之中，洋溢在我的四周。我深陷在生命这一伟大的力量之中，与其一同运转。我的扭捏、羞涩、对死亡的揣测、内心的欲念与野心都只不过是一道云烟！我所拥有的力量与能量都是上天给予的，这种力量坚如磐石，无法摧毁，只有上天才能对它进行创造与转移。身在这般思绪，如此丰富的阅历、震撼人心的美感、兴趣与能量之中，我难道不应该感到兴奋与惊喜吗？"没错，就得无比惊喜！"内在的心灵这样呐喊着。当你在翻看上天启示录时就能看到：沉默地前行，放下遗憾，涤荡自己的人生，维持乐观的心态，充满希望。内在的心灵会告诉你："只要你愿意去接近它，这将是你能感受到的最大欲望，一种想要拥抱一切的情感、全身心的爱。"

我发现，这比我能想到的任何话语都要更为宏大，这就是心灵最真挚的诉说！

所以，我认为人的意念是能给予人帮助的。面对生活中那些令人失落的琐事或是烦人的忧愁，人们可以决定将它们全部赶走。烦恼固然不能避免，但我们可以选择笑脸相对，不要逗留在其中，不可自拔。人要学会顺其自然，但又不能因此而有所牵绊，不要过分地索求与职责，不要假装正经，也不要因为内心的欲望而泛起忌妒之心。人总是觉得自己错过了最佳时机，很容易对成功的同胞们有所妒忌，觉得对自己太不公平。这些衡量的准则都是错误的，这只不过是浅层的自我替我们编织的一张网，就像蜘蛛编造的捕猎网一样，诱骗着我们的心灵。阅历人生的机会是每个人都有的，对物质的欲望越小，哄骗我们的欲念就越少。我们来到这个世界上是要去学习的，而不是去妄自尊大，我们要学会洞察自身的损失，而不只是对自己的所得有所算计。

读者们也许会这样说："没错，一个生活舒坦并有所成就的人当然可以平静地待在一个小村庄里，兴致盎然地写下这些东西，这些对于他来说也许是很容易的，可是他真的了解人生的疾苦吗？"对于这些怀疑，我只能坦诚地说，其实在我的人生中也同样充满了悲伤、失败以及一直以来都无法摆脱的疾病、绝望与痛楚。也许只有贫穷这项苦痛是我没有经历过的，但我并不认为这就代表着生活舒适或是事事如意。不过幸运的是，尽管我遭遇过不少进退两难的窘迫境遇，但在上天宽厚而仁爱的胸怀下，我面对着失败与错误，却并不感到孤独，这是唯一能让自己感到安心的地方。现在，我并没有感受到多大的快乐，更多的只是一种兴趣罢了。虽然我有着一颗脆弱的内心，但我相信，就在每个人都在这片乌云密布的天空下，过着前途未卜的生活时，依旧会有丰富伟大的人生在前方等待着我们。然而此时此刻，万物苏醒，春天已经来临。在我身边盛开着的鲜花，毫不吝啬地散播着自己的芬芳。身处在这样舒适与安静的空气中，若还是继续让遗憾、矛盾与苦闷之心霸占着自己的脑海，那就不单单只是用愚蠢可以形容的了！如果我们能够看透事物的表面，就能发现下面涌动着的正是生命的清泉。我们在城市里待得太久，只能从汩汩的流水中去感受音乐的曲调，而这正是由无数个质朴的人生才汇聚成的源泉。假如我们都能拥有一对慧眼，就能洞察到，此时此地的任何行为和话语，都是欢快的乐曲。若是我们能有一双能够聆听心灵的耳朵，就能远离恐惧之声与蒙骗世俗的私语，从而真正认识到，让希望填充进明智的内心，才是我们安静而快乐地走在天国之路上时，所需的最重要的东西。

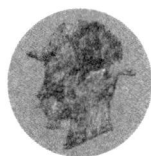

第四章

旅行的意义

一

抬起头，瞅一眼变幻莫测的蓝天，来自工作的压力和紧张的心情也许都能有所缓解。我们有太多理由让自己卸下重担，去了解一下这个瞬息万变的世界。背上你的行囊，出发去旅行吧。对于旅行者来说，哪怕他的动机再好，都会有一些不太体面的想法掺在里面，不过，不管是自私还是无私、崇高还是庸俗，旅行都只是一种排解寂寞的方式而已。

人们总是在自己陷入枯燥无趣的生活无法自拔时，选择用旅行调试自己的状态。有些人则是因为健康、商业或是陪伴他人的原因而旅行。不过，这些动机都不分好坏。有人在旅行途中扩大了自己的视野，写出了一部作品。可是，有些人则不同，他们总是想着等自己旅行回来后，用自己的见闻将别人的眼界扩大，这算是最为糟糕的想法了。可惜的是，当他们真的这样做时，往往都是旅行者讲得兴高采烈，而听者却是兴趣缺乏、烦躁不已，因为人不能将自己的生活凌驾于他人生活之上。这也是为什么很多人旅行到了某处，首先想的就是去写日志的原因，这样一来，原本舒坦的旅途被弄得晕头转向、充满遗憾，这种行为实在叫人难以理解。

那些旅行者的国外旅行日志，大多数都会将自己零星的思想片段全部倾吐出来，这实在是幼稚而青涩的做法，因此这些日志会被他人忽略，也是理所当然的了。之所以产生这种结果，是因为读者们想在一本自传中看到的是，某人真实的日常生活、工作状况以及对于空闲时间的利用，等等。而大部分人的平常的生活似乎都是平淡和无趣的，所以就没有记录下的想法。不过，他们往往会将自己在外旅行时的见闻，详细地描述出来。这种描述一般情况下都有些浅显和多样化。让人可惜的是，这样的错误很多聪明人同样也会犯下。我有一位朋友前几天从美国回来，他告诉我他被一个孩子狠狠地批评了一番。从此，他喋喋不休讲述自己经历的毛病，彻底没有了。事情是这样的：他在临走前与哥哥一起享用午餐，在餐桌上他一直都在不停地讲述着自己旅行的所见所闻。最后，午餐快结束时，他8岁的侄儿放下了餐具，对他母亲说道："妈妈，我忍不住要说出来，叔叔反复不停地唠叨，让我感到反胃。"

这种旅行方式常常让我想起来自于一位聪明女士的有效反驳，她在反驳其表妹时就用了这一招。表妹从印度回来后，总是觉得自己脑子里装满了奇闻乐趣，于是在早餐时，表妹开始对印度的生活进行有声有色的演说，并打算在早餐后继续抒发自己的情感。这时，这位聪明的女士从房间拿出了一些布道文章、记事本和一支笔。她对表妹说："莫德，这些可都是精髓啊！千万不能让它消失，你必须将它们全部记载下来。"可是，表妹能真正写下来的内容，却非常有限。从此，她再也不用被表妹的唠叨困扰了。这一经典反驳方式中所蕴藏着的哲理，值得所有人去深思。

通常来说，能够在归来时体会到自己熟悉的环境所带来的安全感，从而让自己充满感恩，这是对于大部分人来说旅行所产生的最好结果。旅行能够激活原本看似枯燥的生活，和老朋友之间的关系也有了新的价值，从前使人烦躁的家常也变得舒适起来。毕竟，金窝银窝，还是不如自家的狗窝啊！比起那些难懂的异域口音，家乡熟悉的方言听起来更加顺耳和亲切。无聊时整理下衣服或者戳戳海绵，也是趣味无穷。总而言之，回家就是好！

而一些有教养与智趣的人，总是有充分的理由去探索带来的成果。初春的阳光洒满了陌生的丛林，紫色的花朵在南欧散发出阵阵清香，南方的房屋总是带着张扬的色彩，在花圃中闪耀着光的则是那古老而雄壮的城堡。这一切都很轻易地走进了我们的脑海中。我们会在看到一种神秘的祷告仪式在漆黑拱门下的祭台上举行时，停下匆忙的脚步，嗅一嗅焚香的烟雾散发出的那浓郁、刺鼻而让人眩晕的味道。我们想领略来自异域的别样景色，想亲眼见证宫殿阶梯与运河相接的奥妙，聆听海浪拍打海岸的声音，如果还有看似腐败实际却精致的檐口，那就更加幸运了。陌生的土地总会让我们有种莫名的冲动和不同的喜悦。当我们在英雄或圣人墓前停留，参观名人的故居，观赏由艺术或历史创造出的成果，这些贫乏和无趣的场景却有可能激起我们不同的感觉。当我们真正来到一直都在向往的地方，当那些在自己梦中无数次徜徉的景色，成为自己现实中宝贵的照片时，又会是一种怎样兴奋与激动的心情。惊叫？狂笑？感动？我想，这都不算什么。

一位乏味的同伴有时会带给你无穷的苦恼，他们就像覆在纯洁心灵上的那片乌云。我曾拜访过一位阿拉丁伯爵，与他在一起的日子我永远都不会忘记。朋友们侃侃而谈关于考古的事迹，带着我们细细打量每一间房子，为了不使我们迷路，还打开了方位图进行搜寻。我承认，因为这些房间号是按偶数排列的，并非奇数，所以导致我无法准确地辨别出哪间房屋位于中间。

虽然在旅行中会遇到很多困难，但同样也会有很多叫人难以置信的美妙瞬间在旅途中出现。只要同伴和情绪同时陷入轻松和谐的状态中，就能体会到这种瞬间。现在我在写作之时，内心深处就感受到了当时的场景。从古罗马城往外远眺，周围都是宽广的平原，数座墓冢的砖石早已坍塌破碎，上面被青草和金鱼草覆盖着，当我们乘坐小船从安那波的苇丛河滩上急速而下时，一种快感从心中自然地生起。池底的沙石欢快地跳跃着，地底下涌出了清凉的泉水，芦苇荡中时不时有一只大麻鸦陡然飞出，好一番田园景色，像这样宁静又安逸的组合，值得所有旅行者一直追寻。从这些来自大自然的奇妙组合中，我们感受到一种浩渺的境界，触动着自己的灵魂。假如不是亲眼看见这些美妙的景色，我会以为自己处在如镜花水月一般虚幻的场景中。这个世界上有着太多值得我们去追寻的宝贵事物，条件是我们必须尽力去寻找。

不过，我能肯定的一点是，旅行并不是疯狂地进行印象收集，而是要用美好和闲适的态度，让自己在广阔的空间中彻底地释放自己的心灵。有人会觉得，去的地方越多越好，这样就能看到更多的景色。对此我却感到不然，因为像这样的浮光掠影，永远都只会让你停留在表面现象，无法真正领略到当地的风俗人情。哪怕再美妙的风景，都无法打动那些只顾着收集旅途印象的人。可是，某些特定的印象，并不是我们所要追求的，我们真正想要的却是能给心灵带来更为持久震撼的事物。

如果我们没有做礼拜的习惯，那么去一所教堂和到一片湖泊的意义其实差不多。因为，能够供人礼拜才是教堂存在的最大意义。只有通过做礼拜，人们才能深刻体会到教堂存在的价值。假如我们想要长期待在某个地方的意愿并不强烈，那么只是欣赏一下风景也无妨，但也不值得倡导。因为，旅行真正的意义，并不是某地精致的外在，而是在于感受来自于旅行地的生命力。总之，我们不能让记忆沉睡在心灵落灰的木屋中，然后问自己究竟剩下了什么。在我写作时，我记忆的大门便会开启，悄悄地往外窥探，究竟会有怎样的景色出现在眼前。我看到一片乳白色的天空，还有绿波翻滚着的天蓝色大海，我呢，却仿佛正在驾驶一艘小船。唉！想起来这些都是二十年前的事了，当时体弱多病的我在海边又体会到了什么呢？翻滚、莫测的蓝色波涛在那时又在何处闪耀着微光、跃动着汹涌的浪花呢？一处长而低矮的岬角和一座白色的圆顶屋，坐落在一簇白色房屋与帆船桅杆上面，看上去就如天国神殿一般。这应该就是加的斯吧，我是这样想的。可是后来我发现，原来我的描述都是错误的。有人对我说，有很多工厂的烟囱矗立在加的斯这个城市中，烟囱里时刻冒出着滚滚浓烟。可是，那座如鬼魅般的白色圆顶屋对于我来说，仿佛就像用珍珠塑造出的一般，在变幻无常的雾气中隐约闪现。从此，我再也不会说起人生的见闻，能有这样一个景色，让我足以回味。

之后，我好像又看到了自己蹒跚行走在另外一艘小型汽船上。说实话，我很不习惯这个动作。不过，当春日的曙光来临，一股清新之感便扑面而来。我发觉这里的海浪带着另外一番韵味，它不是大西洋如钢铁般翻滚着的长条海浪，而是水天相接、跟着节拍跳跃着推进的碧绿浪花。没错，这是地中海！青色的山丘与曲折的山谷就坐落在岸边的陆地上，白色的碎浪时不时在灰色的山崖边活泼地跳跃着。这又是哪儿呢？是西西里岛吗？我在一瞬间便想到了提奥克里图斯。一个牧羊少年在里里的海角边快乐地吟唱了一首宁静的曲子，就仿佛一杯美酒沁入了我的心窝，叫我不禁热泪盈眶。啊，提奥克里图斯！十年前我坐在伊顿那满是灰尘的教室里，手上翻阅着的棕色丑陋书卷，书页早已发黄，我从阅读中获得了一种奇妙的感觉，它使我从烦扰的学校和难熬的环境中解脱，那一刻，我那颗喜欢幻想与忐忑的心灵仿佛听到了歌声在空中飘荡。那时候，我怎么会想到今天的情景呢？现在的我，看到萧条的石灰岩悬崖、宽广无际的平原、荒无人烟的山坳、跌宕起伏的山脉、清爽的海风，都会有一种对过去已经消失的美好日子的感伤。那是我最为青涩的一段时光，我经常和牧羊人在一起同甘共苦，结下了最为纯粹、美好的友谊，可是，这样温馨美好的时光，却已不复存在。

回到村子里，与衣衫褴褛的流浪诗人们相遇游唱，一起参加节目，迷离的笑容一直都挂在大伙儿脸上。当他们停下歌声，用灵活的双手弹奏出悠远而真实的曲调，这是多么让我魂牵梦萦的场景啊！这样古老而甜蜜的梦究竟对我意味着什么呢？凝聚在一起的阳光，如穿过黑暗的岩石一般将人类的灵魂穿透；一直凶猛咆哮着的海水最终驻足在布满阳光的沙滩上；在汩汩流淌的溪流中，苍鹭可否尽兴？这由同一个源头起源的水流，就这样来回飘荡在不同的未知中，对于我来说，这又有着怎样的寓意？我只明白，这给我带来了一种淡然的渴望，任何微妙、美好与充满魅力的神秘事物都成了我的追求，想感怀那些被泪水浸湿衣襟的人，想体验那些被死板的规矩刺伤、变得更加糊涂的感受。这就像人生正从峻峭的悬崖向着死亡的平静延续。

当天色渐暗，我再一次坐在一间房间阳台上，在这里可以看到远处的苏威火山，此时乌云遮蔽着天空，连空气都好像停止了流动。一阵阵凉风从陡坡下的果园吹来，空气闷闷地晃动着，仿佛却又在拂晓时分迷失了方向，羞涩又肆意地掠过，就如一只在远处大海上的某个松林里浅唱的精灵，伴随着洋流钻进了耳朵。突然！攀缘植物那浓厚又干枯的叶子微微地颤抖了一下，沉睡的精灵一下被惊醒了，某种高雅的精气缓缓地融进了空气中，凝聚成带着凉爽与清凉的晨露。远处空旷的平原上突然闪耀起几处灯火，沿着海平面缓缓上升，天空似乎变得更加黯淡，可暗影却不能再次从中穿过。那悬浮在天地间的红色"眼睛"到底是什么稀奇的玩意儿呢？更加令人惊讶的是，悬崖边似乎也有如幽灵般的火焰疯狂移动着。那神秘莫测的灯火在空气中明暗交替地闪烁着，仿佛一串即将熄灭的火焰。暗灰的地方实际上就是一道火山裂口，炙热的岩浆从地壳喷射涌出。我在一两天前还看到有黏质岩浆从那里流出，上面还有噗噗燃烧的火焰，最终流向地下通道冷却成了火山灰。而苏威火山口内部的岩浆则在这道火光之上不停涌动着，连蓝天都被它们释放出的油质烟雾染成了乳白色。聚集在深坑里的岩浆，从地底腾升上来的蒸汽仿佛再一次将山口点燃。这种永不停歇的力量按照一种永恒却有些令人茫然不解的规律一直进行着，于是一种可怕却又壮观的景象就这样展现在我们面前。让我费解的是，为什么远方炙热的火苗和充满麝香味道的小巷会组合在一起？这种组合带给了我无尽的想象力。

有数百个这样的场景存在于我的脑海中，每个场景都印象深刻，无法忘记。让我感到诧异的是，这些场景有时候会莫名地涌现出来，没有原因。尽管自身没有任何意愿，但大脑那敏锐的神经已经用一种谨慎的方式将这些震撼人心的场景保存了下来。每一次的触摸都是不同的感觉，仿佛都会将原先某些僵化的细节重新打磨一遍，最终使所有场景都成了一首不可名状抒情曲，让我不忍触碰。

所有人都应该顺从自己的意愿，假如在旅途中需要按照别人的目的和方式行进，那就没有任何意义了。就我来说，在旅途中收集美丽画面，并把它们印入脑海才是旅行的最终目的，于是，对于旅途中的其他因素和信息，我可以将它们全部忽略。经常会有一些龙飞凤舞的想法或固执的心态在旅途中出现，让我们想要脱离规则的约束。因此在收集美丽图画和细节时，我们必须谨小慎微、加倍小心。

那些曾经收集的场景，总是会在我写作时浮现在眼前。我经常会看到以下的情景：一条巨大的金色鲤鱼在阿瑞图萨清澈的水塘中懒散地游动着；一条由松叶菊编织的地毯紧紧地缠绕在一座高架桥铁轨上——我想这可能是出于它自身的欲望，红色的花朵和肥厚的叶子在一旁妖娆地摇曳着，为壮美的高架桥增添了一种别样的情趣。

我曾经看到一条镶着深黄色的线出现在锡拉库附近的某个海角，我一直都在猜测如此壮丽的景色究竟是怎样形成的。为此，我询问了导游，导游说，那是因为以前有一座船在海边破裂搁浅了，装满橙子的船体则留在了海滩上，经过海浪无数次的冲刷后，船上的橙子在海边长成了海生植物依附在搁浅的船边，所以，人们才会从陆地上看到这条镶着深黄色的线。那些执拗、不近情理的人面对这样美丽的景色也许会不为所动，心里也不会留下什么深刻的痕迹。相反，那些怪异和调皮的人会在自己极度疲劳或不适时，将这些景色牢牢地记在心里。他们之所以会这样，我认为这些人是想通过这些美丽的景色，将自己从疲乏的枷锁中解救出来，摆脱来自身体的焦虑。

不过，有些人则仅仅是为了考古或统计历史数据的目的才出去旅行的。他们想如尤利西斯一般，研究人的行为举止、风俗民情、政府制度、组织国家会议的形式等这些问题，因此，风格独特的建筑或者历史上的某座雕像也许更能引起他们的兴趣。我的一位朋友，为了研究一位大师的画作，让自己陷入了无尽的麻烦中。有时候，仅仅只是为了亲眼看见一些看上去实在惹人厌的涂抹，他会买下所有的画，然后对外声称已经鉴赏完这位大师的全部画作。我觉得，这种完全置事物本性而不顾，对任何细节都来者不拒的行为实在幼稚可笑，就和孩童时期那种收集油画的行为意义是一样的。也许，有时候我该称赞一下这位朋友的执着精神，可我认为为了达到喜爱的目的而遭罪受苦，实在是不理智的一种行为。

另外，还有一些旅行者将对景色的欣赏转化成了对人文历史景观的迷恋，这与迪安·史丹利的行为如出一辙。每当想起迪安·史丹利第一次看到雪白的阿尔卑斯山脉出现在地平线上的故事，我总会忍不住自己的笑意。那时史丹利还是个孩子，当他看到雪山后，便兴高采烈地蹦了起来，嘴里还嚷嚷道："我的上天！我该怎么办？怎么办呢？"不过，史丹利在后来却一直不愿意进一步去观赏雪山的景观，而是整天待在一个农家宅院里，搜寻从围墙上突出来的废墟，似乎一心想要找到某些被遗忘的人文或历史传统。对于这种行为，我是无法理解的。

我不会轻易被别人的话语影响，不会因为有人说恩培多克斯在火山口纵身一跳，就非得去埃特纳火山看看；也不会因为听说在杰里科因为主人吹奏小号而导致一座城墙倒塌，而一定要去亲眼见证。一个历史景观唯一能让我产生兴趣的是，它们可以在某种程度上将原来的历史场景重新进行构建，让我可以看到曾经历史上的主人公们所处的真实场景。锡拉库扎这座城市让我着迷的原因并不是因为它的悠久的历史，而是由于它特有的美感。我坚信，将那场海战绘声绘色描绘出来的修昔底德并没有亲眼所见当时惨烈的战争，并且肯定有不少小道消息夹杂在他的叙述中。换一种角度说，当一个人领悟到某个消逝的历史场景将不能改变时，那么一种伟大的思想将有可能被激发，从而创作出千古流芳的名作。这种能力的存在，是世上其他任何事物都无法比拟的。

某一天我经过了吕达尔山的神圣之门，一股难以名状的崇敬之情从心里立刻生起，我用脱帽礼将这份敬意表达了出来。我的伙伴笑着问我怎么会有这样的行为？我回答："为什么会没有呢？这是多么自然而虔诚的表现啊！这里曾经发生过的场景，甚至于最微小的细节我都能想象出来，就好像我在这里住过一样。那个记忆犹新的场景是这样的：我与诗人无数次神游到这里，在花园的月桂树下与内布斯加的林荫道间来回散着步，然后和他们一起坐在一个壁炉里闪烁着火苗的小客厅里，听着他们对自己诗句的点评，而旁边的友人则将他的言辞记录下来。"

在阿伯茨福德有一所房屋让我油然生敬，房屋内那仿封建制的装饰风格让我兴奋不已。房中有一个狭窄的楼梯，当年司各特就是从这里走到楼上的房间，独自完成了自己的工作。房间里还有一个用来放置衣服的玻璃箱，里面有叠好的衣服、变形的帽子以及难看的鞋子。这是一个伤心人住过的房间，他的心灵曾饱受伤痛和丧亲之痛；这也是一个勇敢者住过的房间，他以坚强的人生态度与充满厄运的人生顽强地斗争着。房子周围有一个农场，司各特和他的法警朋友有时会在这里散步，从这座山坡上远望，埃尔登山脉印入眼底。

特维德河水如玉带一般绵延地从草地与灌木丛中流过，这是在阿伯茨福德能看见的另一幅壮观景象。这里，我想起了曾经那位善良、坚强与崇高的人，他一直痴爱着这个世界上所有的美好与欢乐的事物，这时，我不禁热泪盈眶。掉眼泪并不是一件令人羞愧的事情，我很乐意将这段经历分享给大家。

我一直都记得，当年我在奈德斯托伊看到了一位英国著名诗人的故居，简陋得不可思议。当时我还想过，当柯勒律治对生活还没有完全失望时，当他的如泉涌般的文采还没有完全埋没成一堆玄学的废墟时，只要他愿意，他完全能找到良药来拯救他痛苦的心灵。

我怀着崇敬之情走在阿尔福克斯的林荫小道上。紧接着，一幢坐落在峡谷中的房子出现在我眼前，峡谷周围被橡树环绕着，房子看上去就如一座美丽的鸟巢。我不禁又想起了柯勒律治与华兹华斯当年在这里一起散步的场景。那些少年不羁时的美好回忆，在这波澜不惊的生活中不断沉淀、升华，直到他们一起享受成名的荣誉，一起完成了著作——清新、温情的抒情诗。

不得不承认，相比起那些历史或政治传统的场景，我更加倾心于以上这些美好恬静的情景。因为这些情景对于我来说，带有一种与众不同的荣耀感，在这里我总是能产生一些观念或思想，还能使我产生一些美妙的遐想。年轻人的心在这些观念和思想的撞击下，能体会到一种史无前例的快乐。在我心中，这些情景中所蕴含的自由与优雅是任何历史或政治场景都无法比拟的。那些政治家曾经为了推敲法案住过的房间，或者为了调整关税而努力的场景，都无法让我有所感触。虽然我很乐意看到特权阶级垄断逐渐被日趋强大的民主力量所战胜，但是，在政策背后的阴谋、策略以及政客的相互排挤之下，这股民主力量也显得黯然无光起来。当然，这种民主力量的存在依旧具有很大的意义，我并没有否定它的高尚和重要性。不过，人类并不能把最终胜利的希望，完全寄托在那些委员会或是立法机构身上，这种想法是靠不住的。

那些能够提高人类道德水平、又高举简朴与真诚旗帜的先驱者们才是人类前进道路上的真正先锋。而军队和军需部门则分别处于这个队伍中的中后部和最后位置，就这样大家一同缓慢地向前行进着。毋庸置疑，我当然属于一般的平凡庸众，不过这并不影响我将自己的心绪传递到那片草木茂盛的小道和充满希冀的小山上。

我从不会因为别人与我的爱好不同，而与他们产生冲突。倘若有人想在旅途中寻找一个舒适的环境，还想亲手烹饪一些美食和品尝美酒，哪怕与一些陌生人进行有兴味的闲谈，请不要担心，勇敢地去做，恣意地享受旅途所带来的乐趣与快乐吧！倘若有人对经济状况、工资标准、生活现状等感兴趣，我也表示赞同；倘若有人想对史料、考古、露天庙宇的高度或墓冢的建造模式进行数据测量与收集，我也不会令他们败兴的。可是，我要明确表示的是，那些令人印象深刻、充满感觉的奇妙、美丽的历史场景，才是我所认同的旅行者身上的那种同源精神。所有烦闷和苦恼的因素在这种精神状态下，都将失去控制作用。

我曾经不顾皮肤的疼痛全身匍匐在地上，仅仅是为了观看都柏林博物馆里展出的出土文物。它们都是从布满沙砾的泥土地深处挖出来的石柜与石块，出土后也是一副毛糙的样子，上面覆盖着早已枯萎的草根；石柜里有一个做工粗劣的土瓮，倒扣在烧焦的余烬上。不过，眼前这奇异的景象并没有让我感到震撼，真正让我心灵感受到冲击的却是我通过它们而联想到的远古时期社会生活风貌。在那个蛮荒年代，他们也和我们一样，只能看着朋友或自己尊敬的领导人化成一团灰烬，感受由死亡带来的痛苦与哀伤。我的思绪在自己想象的场景中飘荡着，仿佛与远古时代交织在了一起，让我意气昂扬、激动不已。

尽管远古的人们过着生吞活剥的野蛮生活，思想未开化，对文明的认识也不完备，但他们同样也要面对着生死永相隔的恐惧，他们也能在刹那间明白，并坠入这一足以让人崩溃的深谷。死亡是一个残酷的神秘话题，因为无法解答，所以我对祭祀的发展很少关注，对于这些仪式与人类演变之间的关联，我也不甚了解。也许，通过哲学家的研究，我们可能会弄清楚一些问题。我现在想要关注的，并不是死亡这一深奥话题，而是通过那些历史文物展现在我眼前的远古人们的生活方式。

我经常幻想自己落入那些远古同胞们手中的场景，他们肯定会对我进行嘲讽与戏弄，甚至毫不犹豫地将我杀掉，然后像扔果核一样随意地把我扔掉。然而他们也是我的祖先，他们那种茹毛饮血的根性，是否也流淌在我的血管中呢？

我旅行的次数随着年纪的增长越来越少。实际上，对于是否可以再次跨越英吉利海峡，我并不在意。于我而言，旅行的意义没有对与错、明智与愚昧、暂时与长久之分，因为旅行的本质并不是非要怀着一种责任感，这是极为愚蠢的想法，从中获得乐趣才是旅行存在的真正意义。可是，我没有足够的理由证明自己的观点，只能借用约翰逊博士曾说过的一句话。他说："聚集在多少不充分的理由，也无法让其充分。"这句话正好印证了以下这个例子：兔子再多，也不会成为一匹马。此外，还有一个有趣又荒诞的例子也印证了这个观点：历史上所有的君王都不会无缘无故地开出一张一百英镑的支票。不过，我认为自己不想再折腾下去，不想再继续漂泊，是我思想转变的最大原因。而另一个原因，则是我不能成功地用语言与他人沟通，然而旅行的乐趣却正好在于，通过与他人的交流打开眼界、获取学识。随着年龄的逐渐增加，我才发现，原来自己对于身边这片美丽土地的了解，实在少得可怜。因此，我才会对远方的美景不再向往，因为身边的景色已经足以让我应接不暇、恋恋不舍，这一切就像纽曼诗歌中描写的一般。

最后，我还有一个生硬的理由，旅行的本质也许只是精神上的一种分心，而我不想再给这种分心打扰。太过强烈的欲望，这是西半球的人们经常会犯的一个致命错误，这个错误足以埋没自己的思想。我认识的许多人，似乎都将生活目标体现在某种固定的生活方式上，他们试图通过这种方式忘记自我，从而阻止自己对过去的怀念。

一般的英国人都不会太在意自己的工作，以及工作的意义，只要手里有活儿干，他就很满足了。典籍里无数的故事中有这么一个故事打动了我：耶稣指责玛莎整天都是在忙碌与烦忧中度过，甚至还批评她太过关心来客，但却赞扬她在闲暇时能够坐下来听他的布道。我并不是说，要把安静地深思当成一种责任，但我认为，人类很有必要在闲暇时思考一下自己的人生究竟为何物，对人类的生缘起止进行一下研究，体会当中的美好与价值。可是我们在现实当中，却总是在弘扬以下这种生活方式，那就是当自身需求已经满足时，依旧一意孤行地追求着财富梦想。

柏拉图曾在自己的一本对话集中提到过苏格拉底所引用的一句哲学家所说的话：如果一个人想在这个世界上好好地活着，那么他必须不断地将美德实践到生活中去。另一位哲学家也曾说过：人类应该尽自己最大的能力在生活中执行美德。我非常赞同这些观点，在我心中一直都怀揣着这样一个希望，如果我们能将自己的毕生精力都投入到古希腊书籍的编撰上，那将是多么荣耀的一件事情啊！倘若一个人因为忙碌的工作生活而忘记了自己所存在的意义，那么旅行对于他们来说，的确是一件打发时光的权宜之计，因为他们不会在忙碌之中去思考人生的意义，这样一来还省了不少烦恼。我虽然不敢说这种权宜之计是他们应受的惩罚，但我真的会为他们感到惋惜。在旅途中，并不是所有人都会把思考当成一种修行，他们仍然不能放下手中的工作，沉醉其中难以自拔。假如有人质问思考究竟有何意义的话，我会这样反问他："假如你一直做的都是一些毫无必要的事情，那又有何意义呢？"另外，和所有人一样，对于人生旅程的终点我同样会感到不知所措。可是我笃信，人类之所以来到这个世上，并不是用来荒废人生、碌碌无为的。就像《小孩儿》中的龙虾拼命呼喊的那样："让我安静地思考一下！"我想这种精神活动对人类本身也是很有好处的。

在离我家不远的地方，就存在着一些令我沉醉的风景，毫不夸张地说，它们给我带来的那种心境开阔、身心愉悦的感觉完全可以和环游欧洲相媲美。今天，我顺着一条平缓的下坡小道朝前走着，一直走到幽邃的谷底。谷底竖立着一架形状奇特的风车，和普通的那种环形塔楼上的黑色丑风车不同，这架风车是由老式木板制造而成，造型很是新颖。有一根主支柱直立在风车上，上面还有一扇连接着磨坊的神奇活板门。当麻袋装着的稻米通过皮带被转送到活板门处时，通过风车漏斗下的风雨板就会将它们碾磨成粉末。我还可以看到这样一个壮观的场景：扛着麻袋的工人，紧贴的黑暗的门道缓缓往上走去，最令人目瞪口呆的是他们的身子处在半空中，工人将麻袋从面板门前倒进去，面板门关闭后风车翼板便开始慢慢地运转起来，一边还发出"嘎吱、嘎吱"的声音。我总是会想象这样的场景：当夜幕开始降临，满是尘埃的风车不停地运作着，橡条在齿轮的摩擦下发出"咕噜、咕噜"声，而当工人们往漏斗中倒入金黄色的稻米时，柔软的米粉伴随着下面"咔嗒、咔嗒"的声音徐徐地滚磨出来。

欣赏完奇妙的风车后继续往前走，地势就越发往下了。一片紧拥着的屋顶出现在视线中，那是一座规模很大的教堂。教堂钟塔的窗户在阳光的照射下反射出冷冽的光。教堂附近的道路两旁有一片榆树林，一座尖尖的屋顶从林中展露出来，原来那是另外一座古老建筑。好一幅古老柔和、静逸舒适的画面，在我眼中，相比起那些我在国外见到的风景，这里的景色完全可以制成一幅完美的艺术画卷镶进相框中，这是任何异域景色都无法比拟的。随着年龄的增长，人类要逐渐学会欣赏这些唯美的场景，不管是重新装饰的画廊和建筑，还是雄伟壮丽的山脉，都足以让你激动不已、无法平静。

改变心境，这样一句简单的拉丁谚语却道出了人生的秘密所在，改变心境能让我们对人生充满更大的希望；改变心境能让我们更加敏锐地发现生活中的细微之美，减少对事物的苛求，用更温和的态度对待人生。在现实生活中除了自己本身，没有任何事物能给我们带来平静。比起沿着乔尔·乔涅的艺术道路去环游欧洲，或到亚洲去探寻当地美景，那狭长的山坳、道路两旁的树林、古色古香的房间等这些熟悉的景致，会让我们更加接近生活的本源和平静。凡事皆有定期，因此我们在年轻时就该环游世界，接触各式各样不同的人，这对于我们来说是有益而有趣的事情。这样，等到我们逐渐老去，便会用一种"知足常乐"的心态去追忆曾经的年轻时光，这是多么令人心向往之的场景，稍一遐想，思潮就忍不住澎湃了。

二

　　生活中总有一些让人记忆深刻的日子，这是每个人都可以从自己的人生历程中所得知的事实。就算已经被快乐包围，人们的心情也会因为某个特殊的时光而再次被点亮。也许在当时，人们根本无法预知这段日子在日后会如此地让人神往，当光阴似箭，往返于朝阳与黄昏之间，将"最美好的星星"围绕至充满阳光的狭小空间内，不识庐山真面目，只缘身在此山中，我们自己看不到，只因为我们身处其中。

　　营造出一种"天人合一"的场景，才是我个人的感觉。一位学生曾说，达到这种效果必须要有合适的同伴，而且同伴也要拥有某种适当的情绪，这才是最为重要的。有时候，合适的同伴在应该激昂之时却显得有些无聊，反之，需要其安静的时候，却又极其聒噪。不过，当他真正处在一种适当的情绪之中时，就会有一种好像在攀登顶峰之时，有一位熟悉而又耐心的向导陪伴在我们身边的感觉。他会在关键时刻伸出援手，内心的想法也总是与自己相契合，他并不只是一位受雇的工作人员，而是一位充满情义的朋友与兄弟。

　　当我在某天思考这个问题时，突然发现原来自己已经有了这样的同伴。

他乐观、亲切、幽默，总是跟随在我身边。我的生活因为有了他的引领而变得更加美好。别人会说他过于感情用事，可他从不感觉惭愧，也没有争辩的想法。此外，他也不会堂·吉诃德式地表露自己的情感，或是去默想死亡，他只想在漫长的沉默中找到最深刻的乐趣。我们的思想在缄默中走向了同一个方向。那电光火石般的微妙瞬间，能否自由地移动在心与心之间，才是对于我们真正的考验。

　　回想过往，曾经度过的某段沉闷与单调的岁月，无疑是最让我乐趣倍增的一段时光。所有事情似乎都纠缠成一团麻纱，朝着错误的方向发展。在金钱问题上，有几个人同我产生了分歧，在我眼里，他们固执的行为实在有些不可理喻。而我的工作也在同一时期陷入了停滞阶段。也许是我之前太过急于赶路，现在我却进入了一片苍凉的荒野，根本无法辨认出石楠花下的道路，找不到前进的方向。而我尽力帮助过的人们，好像毫无理由地远离而使我孤行了。现在，不但没人愿意倾听我的观点，连我自己都觉得无法说出任何有价值的观点了。还会有谁对心灵的框架不了解呢？当生活成为一场毫无目标的游戏，事情就更加容易坠入深渊。当自己的精力已经消耗殆尽，希望的清泉即将枯竭时，我仿佛感觉自己处在沃尔福德女士曾描写的一个家庭之中：他们想出去吃个晚饭，可是事实是残酷的，所有人都不想搭理他们。而我的灵魂，现在就处于这种状态。

　　突然，一种美妙的情感在一天清晨莫名地降临到我身上，用一种特有的方式，将那些平常事物中的美好都彰显出来。这一发现让我觉得枉费了自己前几周的苦苦追寻。这就像一只温柔、美丽却又冷漠的猫咪，在对我欲擒故纵的感觉：它死死地盯着我的额头，却在我想去追寻的时候蹦跶着跑进了丛林；当我停下脚步，它却跑过来用那双无辜的灰色眼睛来安慰我。

这种感觉像是一个不速之客，又来到了我的身边，就像一位许久不见的老朋友，安抚着我的内心。现在证明，之前那些耐心与焦急的守候纯属徒劳。那天清晨，早饭的香味就像是为欢迎我而祭出的烟气，钻进了我的鼻孔；花朵的颜色与形态充满了神秘的色彩，而绿色的牧场就像是一个舞台，吸引着某个中年男人上去展现舞姿；鸟儿在灌木丛里动听地叫着，仿佛特意在为我的耳朵举办演奏会一般。很快，我变得激动起来，这种感觉就像是华兹华斯面对这种情感时那种亢奋的心情。我们说，应该将这一天赐予给懒散者。哪怕轻慢之人可能会问：难道那位休闲诗人真的能将余生全都美化吗？

在一列轻快移动着的火车上，司炉仿佛在密谋着某件有意思的事情。关于圣·埃文斯这个小镇，我很乐意将它的魅力进行详尽的描述。灯芯草在清澈、宽阔的小河上蔓延；靠近码头花园旁的砖房散发着古色古香的味道，汩汩流动的河水中倒映出金莲花绵延的影子；一座港湾状的大桥宏伟地矗立着，一不小心就闯入眼帘，而一座古老教堂的高墙则堆垒在小溪的上游。可是，我必须控制住自己内心的欲望，尽管有很多理由让我相信，这个地方是多么的极富魅力，但是我不能因为这座美丽的"毁灭之城"而沉迷于此。当我漫步在美丽的河堤上，路过纠葛的酸橙树，穿过雄伟的教堂，到达悬在霍顿山脉上的山林中，那里有着更加动人的风景。

我在这里发现了一座很大的木质结构的磨坊，面粉的碎屑覆盖在奇特的走廊与突兀的阁楼上，显得异常平静，屋顶采用的是瓦管排水，大门洞里，一个巨大的轮子被羊齿植物遮盖得快要不见踪影；一条小溪的水边长满了杂草，水流顺着向下的露天人工水渠缓缓流着，美丽无比！被柳树遮蔽着的小岛上，有河流、水渠，和一些积滞水在悠然地流淌着；放眼望去，四周都是由绣线菊、聚合草、蜂斗菜与草榭组成的天然植物园。阳光穿透了头顶的白色云彩，直直地照射在大地上；鱼儿静静地待在水草摇曳的小池塘中，一动也不动。一瞬间，大地的欢快与美丽将我的心灵全部占据，谁还会在乎那些烦心的日子呢？谁还会去理会那些诡辩法、决定谈论其他有关人生、命运这类东西呢？用一种纯净的心态，看飞虫在金光中翩翩起舞，赤杨在某个僻静的角落里，将根须深深地没入水中，吹着模糊不清的溪水。

　　一个闷热的上午，我们在这里租了一只小船，在水面上慢慢地摇动着，桨橹不断发出"咕噜"的声音，上面不时还有水滴滴落下来。芦苇与水草随着船舵的到来轻轻晃动着身子，我们从这个河岸到下个河岸，从一个池塘又到另一个池塘。在船上可以看见山谷倒映在水潭中的影子，还有鲜翠欲滴的树林。远处山岭重叠、峰峦相接，令夏日炙热的空气都不禁颤动起来。浅水处立着一群牲口，膝处被水流没过，鼻孔里喷出气息，慵懒地抽颤着尾巴。

　　鸟儿到中午便安静了下来，只有芦苇丛在随风摇曳、微颤。一大摞被砍碎的木材堆在一把巨大的铁锁边，清澈的水流从一座半掩的闸门前流过。就在刹那之间，大脑就被思想的清泉浸满，内心充满难以言喻的感触。这种感觉就仿佛一个破碎的泡沫，只不过我们大部分时间都很安静，只是以颔首或微笑来代替交流。最终，我们到达了一座被绿叶遮蔽着的房子，这就是最终目的地。教堂墓地就在河流的旁边，而教堂仿佛也偷偷溜到了河边，想欣赏一下自己倒映河水中的倩影。

　　世人将这个地方称之为赫明福德·格雷。可是那天对于我来说，它在我心中却有另外一个难以形容的名字。因为我觉得能在历尽沧桑之后仍旧保持一份警醒，这是极为难得的。那天，我在旅行途中看到了一座小村落，簇拥着的屋顶上面伸出条状的烟囱，太过浪漫的色彩让这一切看上去就如梦境一般，但这的确是真实存在的。我想在这里居住的人们，肯定都过着朴素而慵懒的生活，家长里短、日常买卖，还有生老病死。可是对于旅行者来说，这里却是一个令人心驰神往的地方。这里能够让他们忘却痛楚与烦忧，抚平生活中的棱角，将丑恶与肮脏涤荡干净，简直是人间天堂。这里的人们拥有着真实的生活，感受着生活中的美好，而这些正是我们一直向往却从未得到过的东西。而我那位睿智又友善的艺术家朋友也住在这里，生活在一片花的海洋中。玫瑰绕满了他房屋的整个篱墙，被引诱的燕草植物拼命抬起天蓝色的尖头，在空中飘舞着。他是怎样迎接了这些黄金时间，布置了这完美的一切呢？也许，他从来都没意识到，对于我们这些人来说，这些景色是多么美好的一份礼物。

我们之后从一本红色的册子中，发现了这里充满生命力的历史回音。我在穿过一座小教堂时想起了查尔斯·詹姆斯·福克斯，心宽体胖的他曾在这里的草坪上迎娶了自己的新娘；顺流而下，考玻曾被自己的小狗引领到了一个他自己不可能到达的地方，在那里生长着黄色的睡莲；两位二八佳人曾经睡在教堂里一个小型的厚板上；因为对此地的风景太过神往，著名的古宁思(Gunnings) 姐妹分别嫁给了当地的公爵与伯爵，她们的青春时光就在道路旁有些破旧的庄园里快乐地度过了。我时常在想，少女在豆蔻年华逝去，可否算得上是最好的分离？当博斯韦尔通过天上大熊星的方位，到达了苍凉的北方，面对窘困的他，那位高贵的公爵夫人是否表现出过傲慢吗？也许她不会想到，就在那清凉溪流的圣坛边，埋葬着儿时姐妹的骨灰。

稍作休息，我们在教堂庭院的城下，看着飘摇在池中的水草，鱼儿静止在水底。而在一年内的某个时节，会有一种白色的紫罗兰在庭院里某个温馨的角落里生长出来，尽管花朵早已掉落，但它们的生命力却如刚刚绽放一般，用芬芳与色彩彰显着自己。在我眼里，花朵、树木还有其他所有的生物都具有某种感知力，对于花朵来说，花开的时间就是一种能够彰显生命的幸福。而对艺术家来说，同样如此。

我们身旁是一堵宽大、坚实的墙壁，这是一座乔治王时代的房屋。阳光照射在向外敞开的窗户上，反射出的光芒在平坦、荫蔽的草地上闪烁，放眼望去，满眼的绿色与淡淡的阴影映入眼底。想要踩上去占为己有，却感觉自己成了粗野与非法的闯入者。尽管这些景色不属于任何人，可是为何能给我们带来如此深厚的祥和与幸福感呢？

这些难以言喻的感受只存在于我们的想象之中。人们不禁遐想出无限的景致，在一个夏日悠闲的午后，自己躺在一棵硕大无花果树下的躺椅上，感受着阳光带来的温暖。翻看手中的树叶，细细交谈；合上书本，掩卷沉思，任凭记忆在某些古老而美丽的故事场景中遨游。也许会有一个可爱小女孩，蹦跳着走出某件房屋，蔚蓝色的双眼闪烁着希望的光，美丽而又单纯；或者是一位光着头趿着鞋的大男孩，身材高大、身手矫健，穿着法兰绒的衣服漫步在草地上。他深知自己生命力的旺盛，男孩瞬间就跳上了一只平底船，将铁链晃动着解开扔在船头，碰撞出"咔嗒"的声响。再将长篙一撑、一拔，船儿就晃荡着出发了，驶过一片光线与阴影交错的斑驳陆离地带，到达岸边。这一切直击心灵，生活中的烦忧与惆怅都被冲刷一空，曾经因为失败带来的阴霾与苦闷，也将其美好的一面展现出来。

紧接着，一幅被丁尼生称之为"失去的激情"，而更为深沉与令人沉思的美丽画面出现在眼前。一想到所有美好的事物都将消逝在指尖，人们便没了逗留的心思，感慨万千。可是，日晷的钟面上已经出现了日落的阴影，教堂的钟声也在提醒着人们，这即将结束的一天。如果仅仅认为，只有在年龄增长或阅历丰富后才会出现这种和谐的感觉，那就是一个认识上的盲点。其实这完全是另外一码事。因为，易逝之物所留下的遗憾之感，只有在年轻时才会更为深刻。而随着人逐渐老去，就容易将不满与忧愁混杂在一起，他们会在突然之间发现，原来贺拉斯在千年前的格言已然成为事实。

"人生苦短，怎样才能摘取其中渺茫的希望呢?"

因此，面对这阳光灿烂的日子，人们开始学会感激。年轻人总感觉自己能消受人世间所有的美好；在面对阴霾与细雨时，却失去了耐性，难以忍受被稀释变淡后的生活甜酒。

这就是对那些魅力景致的一种解读。短暂的怜悯之心沾染了欢乐与永恒的可能性，跌宕起伏，最终就如湖水中泛起的涟漪一般，消散不见。

这种阅历感想的破灭，与少年时的那种哀婉之情有所不同。因为哀婉本身能给自己的年少生活增添某种乐趣，使人体会一种美妙的美感。不过，这种哀婉即便没有立即消逝，也很难占有。

诗人或作家手下所描写的真正的烦恼、沉重的压力、孱弱的身体、消逝的人生等这些情景，总是显得那样浪漫与唯美，可是在现实生活中，这些都只是一些肤浅、庸俗而又令人厌恶和难以忍受的东西，与浪漫没有一点关系。那个曾经身手矫健、中流击水的少年已经长大。现在，已是男子汉的他要承受着金钱上的拮据、孩子带来的焦虑以及妻子的病痛，自己也遭受着疼痛的折磨。在遭遇痛苦一天天的考验后，他在一个黄昏时分，蹒跚地走到一株古老的悬铃木旁，站立在树下的阴影中。倘若他依旧能感受到这里美丽而奇妙的力量，并从中获得心灵上的安慰，那么他肯定同时拥有了智慧、平和与耐性。

享乐主义者以及追求美感之人总喜欢将生活中坚硬与讨厌的一边进行过分阴暗的划分，这恰好成了他们的盲点。在生活中养成一个习惯，即当所有"艺术性"的椅子都颤抖起来时，下面肯定存在一个用来缓冲的软垫，那这一切都显得水到渠成了。因此，如果一个人富有真正的智慧，那么就能意识到，心灵要远离这片总是在午后瞌睡的地方，抗拒它带来的诱惑。要在这个世界上成为一个充满活力与男子汉气概的人，这才是我们应有的人生态度。同时还要将譬如银行存款或财务收支等烦人问题通通抛之脑后，心灵才能真正沐浴在阳光之下。

古代一位清教徒诗人曾诗云："能享受到此等乐趣的，都是睿智之人；总是被心智困扰，肯定是不明智的。"这句诗中所包含的大智慧，我一生都在向往。

我自己也一直饱受焦虑之苦，想要解决焦虑，就必须保持心态平衡，但别认为这种宁静的生活就是全部。另外，千万不要相信"人生就是一个不断前进与充满喧闹的过程"这样的理论。一个人是否因为一些世俗活动或交际而感到过度困扰，是衡量他是否成熟进步的标准，享乐主义者是感受不到这种困扰的。从另一个角度来说，仔细观察一个人，看他是否能在工作之余从容地享受假期，会不会感到无聊、忐忑与疲惫。如果是后者，那么这个人就犯了和玛莎同样的错误，要知道在福音故事中，两姐妹中的玛莎，是上天批评得最多的人。

一味地让人受苦或安逸绝非人生的本意，在生活当中，任何人都是学习者。也许，智慧有时会透过悬铃木的叶子，夹杂着紫罗兰的芬芳，在你耳旁低语；有时，会来自于一场思想交流；有时，又会通过一本智慧的书籍钻入你的脑海；有时，则是在烦闷的时光中静静地体会。当我们在辗转不安之时，却感受到某个难以忍受的思绪所给予的启发，那么，此时的我们就能敞开心门，谦卑地接受生活。一些读者可能会认为，我在作品中过分地突出了生活中灿烂、美好与安逸的那部分。实际上，这是我三思而后行的结果。因为我认为，我们应该尽力去享受人生中单纯的乐趣。不过，这并不代表我完全忽略了对立面。但丁所描写的绵延的黑暗森林，对于我来说并不陌生，因为太多枯燥乏味的道路，让我不愿再涉足。我身体健康，事业似乎也在发展状态，可是，对于幸福我却过于敏感，换句话说，实际上就是对焦虑与压力所产生的病态敏感。

快乐与否，其实是一个很主观的问题。就像谷米治所说的那样，当她把烦忧告诉别人时，她说："我觉得自己的烦恼总比别人的更多。"假如秉承追寻平和心态的使命，那这就好像一个牧师在布道时与自己的内心想法产生分歧一般。但值得肯定的一点是，不管一个人怎样感受于自己的错误或想要特立独行，我们却正是在这种悲伤之中不停孵化与进步，这就是成长的秘密。也许，在这种无可奈何的悲伤背后还隐藏着更多的秘密。不论人们有多么地惧怕真理，都要对它有所认知。人们待在自己幻想中的时间越长，学习的时间也就越久。当人们知道真理就在前方，那么别人是否相信也就不再重要，哪怕这可能只是一种苦涩的安慰。是的，这就是一种安慰，因为人们能够在这基础上，承受更多的东西。

当人的思绪从原先美丽的场景中越飘越远，所获得的美感就会越来越多。暑热已经散去，河水在微风下飘荡，泛起阵阵涟漪，连带着横斜在水面的塔楼倒影也蠕动起来，我们都微笑着站起来，而我又在这懒散的自娱自乐之中迷失了。同伴们都不知道我的思绪飘向了哪里，只觉得我独自一人待在异域的思想之海中。也许他们会想，当我在回首过往时会发现幸福已经被痛苦压垮了。如果一切可以重新开始，我会不会选择再活一次？如果真的有这样的机会，我真的不会选择再活一次吗？虽然如此，我依旧庆幸这样的机会并不存在。因为，这只是一种在精神涣散与萎靡时的臆想。我并不认为生活的目标就在不远处，属于我的享受生活终会到来，届时还能审视一下恐惧的意义。

之后，我们像夏洛特女士一样登船，沿着朦胧的通航水道上，向西原路返回。为何我不能将内心这些黑暗的事情告诉朋友呢？如果可以，难道不更好？然而实际上却是，没有人能够替我分担。

薄雾缓缓升起，芦苇、农场、流水都被模糊成一片，无法分辨。森森的树林在夕阳的照射下，浓绿成一片翡翠，黑暗的山头上，有一颗星星逐渐升起。我们渐渐靠近，房屋簇拥着，从敞开的窗子中反射出灯火的影子。在我们穿过黑漆漆的房子时，那片光亮的天空在山形墙与黑烟囱的衬托下显得愈发明朗起来。在暮色的笼罩下，所有枯燥、沉闷与温馨，都被涤荡一空，只剩下一股神秘柔和的浪漫之感。独自站在桥上，安静地欣赏这片景色，看着眼前缓缓划过的船只，这座充满英雄神话般魅力的小城！高尚的理想，在人们心中会是怎样的形象呢？是中产阶级市民，还是天使？灯火与阴影交织成一片光怪陆离的梦幻景象，草地与河流上飘荡着一阵阵钟声；这缥缈而又难以言喻的美感，与平常生活中单调的真实相互感染着，温柔地钻进人们的心房。这种感觉没有更少，而是变得更多！这样也许更好。因为，我从这一切中体会到一种更为深厚的价值感，一种永恒的伟大之感，我们必须将它紧紧抓住，最终的秘密就存在于此，而不是在无力的反抗与焦虑的延时中。这不过只是旅途中的小插曲而已，不过，也许在温馨的家庭中，这种安逸、平静的生活也是无法捕捉得到的。

第五章

人能否实现永恒

一

在大学小礼堂中，一个小男孩正站在镀金鹰旗下的读经台上朗诵教义，我坐在唱诗班的位置上静静聆听着那幼稚却清脆的童音。大堂中悬挂着一幕帷幕，深红的颜色似乎将空气都染红了，上面还有风琴管折射出的金黄色的光；阳光穿过历经沧桑的窗棂，狠狠地压在地上；而精雕的尖顶却没有一丝光线，被黑暗笼罩着。那一排排坐着的穿着白色袈裟的人，不管是全神贯注，还是天马行空，都态度严肃地默坐着。他们也许在回顾着曾经充满激情的历险，或许又在遗憾未能完成的心愿。不过我想，不管是怎样的思绪，都会为这里添上一笔柔和的色彩。

教义中都是简单而朴实的谏言——献给丈夫、妻子、孩子、主人、仆佣、精干或仁爱之人，希望他们不要不切实际地过分追求，要脚踏实地，享受平安；要追求崇高与美好的事物，那些生活中微小的伟大，最容易被忽略。

仔细读过手中捧着的典籍，我想没有什么比典籍想要传递给某些"圣人"的私人信笺或意见更让人心灵震撼的了：尽管他们当中的大部分人都只是徒有其名而已！当身处忐忑与逼仄的圣保罗在写下信笺时，肯定不会想到这将对以后产生多么巨大的影响！他会在真诚地给予别人建议后想起朋友们的脸庞，想起那些朴实的人，于是他将问候与爱语用信笺表达了出来。正是这些平凡的男女们用这样温暖又富有人情味的话语记录下了自己的过往，用率真的态度表露了自己的爱与情感。

同样，他们也接收了这些信息。如果他们能够想象到在某个充满肃穆气息的小礼堂，有无数人聆听着他们平凡的名字被大声地朗诵，并将他们的箴言与爱传递出来——甚至是在不计其数规模宏大的教堂里——他们会有怎样的感想呢？也许对于他们来说，这一切就像风管乐器奏出的音乐，在传说中的天庭拱顶上一直回响。可能会有永垂不朽的名气吧！我们无从知晓与考证关于他们的一切，这就像荒野上的一块墓碑，尽管上面刻着名字、生辰，还有一些关于此人的颂扬话语，但是除此以外所有的一切都在光阴荏苒中被湮没在漫长的历史长河里。

在典籍中，亚基布的名字被提到了两次。他在使徒书到腓利门书中都是一位"忠诚的士兵"，当中有一段关于他的直接信息。"告诉亚基布，务要谨慎、尽你从主所领受的职分。"这就是他的职责。而无论是在此之前还是之后，却再也无从知晓有关他的一生。也许流传着的他殉道的故事是真实的吧。但牧师在当时究竟有何职责，他又是怎样去传播信息的，我们一无所知。

有时候，我希望使典籍精彩的版本形成的原因，是来自于教徒发自内心的尊重，以及从中感受到的智慧与庄严的声音，而不仅仅只是因为它的功利与仪式。在翻译一封长信时，里面出现的譬如"thou"（古，汝）与"ye"（古，你们）这样的字眼，仿佛让整封信都成了一部古典文献，就好像一位名扬四海、出生尊贵的主教给其他高贵人物写信一般。当人们在劳迪西亚复述圣保罗向罗西人讲述这封信内容的话语时；而在此之后这封信又继续在歌罗西的教堂被复述，在一个雄伟的建筑里面对满堂的崇拜者们放声齐诵着羊皮书上的经文，这所有的一切都让人忘记了这些言论在现实中是多么的平凡无奇，剩下的只有极为庄重的感觉。有人曾在一所破房子中，向很多普通人朗诵过这封信的内容。一位布道者也有可能在写给老友的信中引入信的内容。人们也会对信的内容慢慢失去心意。关于所谓的平等，似乎在当时只有很小一部分人以一种新奇却又不确定的信息用以自我安慰。基督教在当时是无关紧要的，所以才会从所有的陋习与成见中成功解放。当时那些信奉这封信里箴言与爱语的人，无疑都被左邻右舍看成了胡思乱想、满腹愤恨的不切实际之人。因为他们不愿安于现状，不愿在沿袭下来的固定生活模式下生存，他们宁愿让自己的思想处于一种狂放、极端与不安分的臆想中，而这一切的根源却只是源自于一位微不足道、情感火热、性格暴烈、居无定所的布道牧师。没人知道他来自于哪里，现在因为散播混乱他已经身陷囹圄。当时的歌罗西小镇正处于一个逐渐没落的时期，锐减的贸易往来，无法再现往日的荣光。可是在当时，那一小部分深受新观念影响的狂热分子，却是那些安于现状的公民们极度鄙视的对象，这些理智公民们只会无奈摇着头对这些新观念投以最深的怀疑目光。而那些勇于接受新思潮的人则会认为，自己正在做一件没有任何回报、不受欢迎的事情，并且还有些不切实际。这些都是我们必须考虑到的。在当时，基督教并不是一种具有深厚传统与影响力的力量，反而会带给人一种新奇与不安的感觉。我肯定，那时在歌罗西传教布道的信徒们日子肯定非常难过。为了保持信念，他们肯定迫切地急需从圣保罗给予的爱语与箴言中汲取力量。

这并不是一封单纯的安慰信笺——对于其中的一些教义，圣保罗是深感忧虑的，尽管他自己也很难分辨出究竟是哪些内容，只是感觉在信念中混淆进了某些杂质罢了。对此，他很是严肃。当然，这封信也没有让大众全盘满意，还是有些错误的内容。我们难以相信，圣保罗就这样不以为意地说出了给予丈夫、妻子、主任、仆佣的质朴箴言。一些错误的行为和他人的误解肯定已经传入了他的耳朵，就好像要想让一片荒草丛生的田野获得丰收，就必须将杂草连根拔掉。最终，酝酿已久的情感还是爆发出来，也许这就是源于圣保罗激情文字的秘密所在吧。善男信女们很乐意去接受他宽容却又让人难以忘却的心。圣保罗不容许任何错误的存在，在写作的过程中他一直怀着悲愤与激动的心情。不过到了最后，一张张著名经典的面孔、一个个手势还有一句句和善的话语却是世人们对他的印象，还有总是那么充满善意与纯爱的临别之言。

这超乎想象的一切都是那么的神奇。如斯古老的信笺与祝福一直到现在都充满着全新的活力，感染着人们的心灵。圣保罗也曾对众人说过对亚基布说过的那番话。到最后亚基布终于找到了一份适合自己的工作，但当兴奋与新鲜感慢慢退去，他肯定会有些感到厌倦。尽管不是百分百有把握，但圣保罗在当时还是将这样质朴的箴言告知给了他。亚基布会好好利用自己的这种天赋吗？

我们不用使用太过官方与专业的词汇。对于教士来说，这将代表着一种宗教仪式。也许这并非是件很正式的事情：必须演讲的义务，关照贫苦的基督徒，维持教会团结。在别人眼中，他必然是具有一定影响力的。他举止得体、心地和善，能够很好地表达出自己的内心。在此之前，他也许只是一位普通的工作者，或许是一名店员，或许是一位工人。但对于圣保罗的"忠诚之士"这一称号，他当之无愧。哪怕现在还有些许不足，但当这些信条的力量逐渐强大之时，他终将获此殊荣。

说了如此之多，亚基布原本有些暗淡的形象终于闪耀出一丝亮光。他原本有属于自己的工作，并且做得不错，尽管有些不太细心，但生活一直都在继续着，苦乐人生，依旧照常，他和大多数平凡人一样，活在自己的小圈子中，寡闻少见，默默无闻。有很多伟大的领袖、法官、政治家都早已被人淡忘，但亚基布却将自己的名声留在了这个世界上。也许他所凭借的，是被我们称作"运气"的东西。然而，试着去想一下这种"运气"的可能性吧。当圣保罗深陷囹圄时所写的一封信，通过一个忠诚人士之手，跋山涉水最终到了一些老朋友的手上。而关于这一过程，在历史上竟然没有任何记载。历经两千年的沧桑，如今我们依旧能够聆听到那些保留下来的信条仍然如旧，这绝不是仅仅靠运气就能够解释的。

若是我们能在教堂中听到朗读典籍时将这般思绪感怀一下的话，将会体会到更多的趣味，会为这一切非同小可的本质而感到惊奇与感激。可是有许多人却认为这是一件理所当然的事情。也许，我们应该试着去静思，关于亚基布这个人和他的行为，在满是心绪、规划、希望与爱好的心灵中，泛起阵阵波澜，难以融合，更难说要去有所改变。要获得这番思绪，并不需要多少思想。在很多书籍当中，都描写了那些艰难的"取经"过程。我们要做的只是自问一下，就可以感受到那黑暗的过往，信仰的种子在茫然混沌的大地上，缓缓萌芽，疏散地分布着，将希望与真谛带给不计其数的人，轻声向他们诉说着生命的奥秘与永恒。世界转变的速度是极其缓慢的，每个人的身上都扛着来自生活的压力。就在这时，上天派来了像圣保罗这样的使者，告诉我们，每个人的生命都被无形的锁链拴着，不管是亲朋好友还是那些让我们感到恐惧或希望的陌生人，都是一样。紧接着，一幅人类在岁月中缓慢前行的漫长历程从手中翻阅着的古老文字记载中展现出来，竭尽所能，只是为了追寻从这封信笺中传递出来的光明与声音。我们被缥缈的情感与思绪紧紧地抓住，向着更深、更远的黑暗之地奔波，上天的心房将是我们最终的归宿。

二

在这个时代中，轻信于别人成了聪明人眼中的一种羞耻，这种可喜的变化是科学精神演进所造就的一种自然结果。对于任何事情，人们都会加以查证，世人发现在自然法则中有着庞大的结构，并从中展现出微妙而又令人惊讶的细节，当然，这当中也会出现偶然的因素，最终的结果谁都无从知晓。科学知识在这种探索之下坦率得令人兴奋，但我们的反思与行动的自由却没有随着增长的知识而增强，尽管我们已经可以知道哪里才是自身的界限。目睹人类对自身界限的划定，要远比上天意志所划定的范围更加令人激动。我们不再受那些权威主观理论与狭隘的传统所束缚，这一消息的确振奋人心。同样，我们再也不会将那些魔术或神秘主义奉若神明，对其毕恭毕敬了。到现在为止，人们对于科学领域的不断研究和探索，打破了对于某些具体事务的局限性，让原本浅薄的印象变得更为深入。这样的做法当然也能在诸如哲学、社会学、心理学等学科中有所运用，我相信，人类终将拥有能够认清宗教与道德发展进步法则的能力。

如上所说，盲目轻信的摧毁是很有益处的。很多明智之人，在学习与上天打交道的过程中有了新的发现，找到了自己的幸福，也许听起来有些不可思议，但这绝不只是胡思乱想，那是一种隐藏在万物背后的创造性与原创性的新力量。总之，所有人都不需要用马赛克式的宇宙进化论中的详细细节，对自身的宗教信仰进行调和，或者接受为了将那些浪费粮食的愚蠢男孩撕成碎片，希伯来先知召集了森林中的大熊，人们通过这些事实对自己的信仰有了认知。这仅仅只是一种收获。不少人被命运之船抛弃，却依旧盲目地附和着某些信念，人们将这种更为高远与崇高的特性称为信仰。

现在，我们已经知道各种解释隐藏在许多神秘的背后，在许多自然谜团得以解开的同时，我们却又坠入了"物质主义"的深渊。有些人错误地认为，在洞察抽象的现象研究中，同样也适用于一些物质现象的解释。可是，不管是怀着哲学还是诗性精神向科学研究接近的人，都能清楚地看到，人们所做的不过只是一些分析罢了，在我们周围的神秘也仅仅是离我们远了一点而已，剩下的依旧是难以穿透的厚厚的黑暗。我们学习的是如何运行自然法则，但对于其运转的原因我们却远未弄清，我们手里所掌握着的，只是那些冒失和无法让人满意的理论。正如旧时那些总是让人觉得无望与遗憾的救赎行为。科学精神的危险性并不仅仅体现于它所强调的不可知论上，而是由于其对于不可知性还不够深入的了解。科学宣称对万物皆能解释，但真正掌握的资料却是屈指可数。愈发专制的物质主义哲学，开始对思想的自由有了威胁。任何人都有根据自身经验推断或演绎某个理论的权力，而我们却并没有权力将某种理论强加于人。我们能够准许他们依照我们的假设行事，但如果他们对此并不认同，我们也不能对他们有所责怪。

一天，我与一位热忱的朋友进行了交谈，典籍中的"光明"在他眼里即是教会权威所在。他告诉我，自己就好像在半山腰中，因为地势的原因导致不能将隐约遮蔽的山谷看清楚。他还说，也许会有一群有着良好信念、视野开阔与信心十足的人站在山顶上。假如这些人将山谷的情况告诉他，他会绝对相信。然而，这种类推却会被逐渐分解到每个点上。因为，所有到达山顶的人看到的都是同样的景象，是这种类推本身所隐藏的条件。此外，从宗教领域上来说，站在山顶上的人对于信念的虔诚也是毋庸置疑的。可是，他们对于山谷下景象的描述却变化万千、各不相同。更重要的是，他们都非常坦诚地认为，自己的心理印象已经超过了科学或智力的评判范围。其实这就是观察者对于事物的一种主观推断，并且很难找到可以证明的证据。

某一阶段法则的应用得以确定，取决于观察者所处的观察是否已经被其他多数研究者所证实，这就是科学的力量所在。任何明事理的人都不会有怀疑的借口。不管在怎样的情况下，当法则与宗教假定相冲突时，都无法证明这种假定只是一种主观臆断。在无法被证实理论还未被证实以前，必须被假设所接受。宗教上的假设认为，人生的历程就是不停地接受教育。可是，在作出道德或智力上的选择之前，许多有能力的人就已经将自己心灵的窗户关紧了。这些例子，依旧无法对这个理论的真实性进行证明。

也许，通过研究能证明的一点是，任何宗教理论和信条，都只是人类在绝望与挣扎时的一种期待与寄托，因为意识到对痛苦产生的本能恐惧，以及追求幸福的权利，或者仅仅只是为了迎接痛苦或不幸而活着，才会给这些可怕的事实一个合乎情理的理由，这是个鲜为人知的秘密。而对于既然上天将正义感赋予人类，却又为何总是违反这一概念本身这个问题，哲学依旧没能给出解释。

实际上，科学的进步将自然规律在运作上悲观的一面展现了出来，为信仰与希望的研究创造出巨大的需求。我们只有坚信科学想要展示的，并不是想要让人类碌碌无为的上天，才会有在生活上获得安宁与满足的可能，如果可以，我们需要得到一些希望，那些并非反复无常与冷漠的希望。这所有的一切，让我们必须面对很多事情，使我们有所顾忌。只要有上天的关照，我们就会活力十足、心满意足。将勇气、耐性甚至快乐赋予我们，才是真正具有价值的解决办法。

当我们面对的只有残忍和不公之时，周遭的环境是否充满了优美与高尚，很大程度上决定了我们能否让自己的心灵有所安慰。当人们在困苦中看到了一抹熟悉又友好的目光，谁不会感受到在黑暗中缓缓移动的巨大爱意呢？假如这是世界上最为深沉、强大与持久的爱，那么他们告诉自己的，就是苍天藏于心底的话语。这种转变于上天的仁慈之爱，对上天创造万物的感怀，正是信仰的独特力量，不管是谁遭受着焦虑与忧愁的困扰，都会得到上天的安慰。上天能使人看到如此美丽的景象：翠绿的树叶在蔚蓝的天空中飘荡，五彩缤纷的花朵毫不吝啬地释放着自己迷人的芬芳，花香中缓缓飘来乐器美妙的曲调。而你绷紧的神经则会发出这样的讯号：倘若你寻找到美好、和平与快乐的途径，那么人们就会因为人生可爱而快乐的结尾，减轻对死亡的恐惧，我们深爱的人，只是静静地陷入了长眠。所有在黄昏归家的人们，在看到在西边荒野上，缓缓落下的橙色帷帐，在星光闪耀的牧场上，只剩下古老的屋子独自黯然之时，怎会感受不到走完人生旅途后的那些美妙回忆呢？

这些，都代表着一种象征。因为在这些景象的呼唤下苏醒过来的都是真实的情感，这就像科学对任何事物所分析所得出证据确凿的事实一样。很多人因为忽略了科学真理，而模糊了情感，才会犯下可悲的错误。对于我们来说，这些感情比起蜜蜂社会学的初步研究以及星群的同轴性力量，有着更为紧密的联系。我们的情感比永不切断的生命线或毋庸置疑的自然法则更加生动与真诚。当然，我们也希望能够对这些情感的法则进行分析或系统化。也许，我们认为，只要是对这些秘密进行深入的研究，就能让我们在生活观念和对上天的感知上，产生更为深刻的认识。

倘若我们对象征主义的宗教机构产生过多的依赖性，就很容易将这种象征主义肤浅地限制为传统，或是让人却步的宗教仪式，其实这是错误的。有人认为，宗教是唯一以诗歌的形式向穷人们敞开的机构。从某种程度上来说，只要将生活中各种平常的经历，从智力与艺术的影响中分离出来，都会变得神圣与纯化，这就是真实、具象的象征主义。在人们的理解的范围内，能够将最普通的情感进行表达便是最美好的象征。可是，用牺牲更为宽广的视野去强调某种情感的范围，这种观念却是极其糟糕的。而只用某个特别的建筑或意识去表现宗教神圣的影响，也是与象征精神相违背的。我们的天父代表的是一种精神与真理，被世人所崇拜。另外，一些人从某些大自然的事物中很不自然地看到了自己的象征，比如树木与花草，阳光与雨水，等等，他们讨厌自己的活动范围被限制。而明智与宽容的人应该坚决抵制以上这些思想，因为有井的存在而打破手中的水罐，这是一种非常邪恶的想法。当一个人想要拓宽自己的灵魂，但却无法打破自身的界限时，他需要做的只是将美感往更深远的前方推进而已。哪怕你的怜悯之心是错误的，也值得珍惜。励志故事更容易启发到孩子们，他们有更多的耐心去倾听，可是在指责孩子们时，他们却接受不了任何训诫。

此外，假如为了激发更为宽广的心灵，从而让一个从小在爱的环境中长大的人去尊崇一些狭隘的象征，那么这个人就会在这种环境中，被折腾得喘不过气来。如果仅仅只是出于对权威或风俗的敬拜，那将是完全错误和胆怯的表现。一个人绝不能在拥有新衣服之前，就将原来那件合身的衣服丢弃，因为一种错误的怜悯或莫名其妙的怀旧感，为了一件狭窄的衣服而放弃手中宽大礼服的行为，是愚蠢之极的。

我认为，许多善男信女的思想早已超出了传统新年的统筹。他们本身并没有犯错，却因为对利益集团或伪善者抱有的一种恐惧感，而不敢将桎梏打破。诚然，对于一个人究竟是看中安逸还是自由，我们一定要认真衡量，富有弹性才是信念最重要的特征，这样才能顺应发展，接受不断前进更新的思想。支撑信念的人总是固执地相信典籍中所描述的一些神奇事件，这是宗教信念与科学产生冲突的地方。他们总是试着去解释当中的一些文字，不过显然有些缺乏科学依据。然而，我却认为，后者与基督教的本质没有半点关系，只是当代信仰发生的一个自然背景罢了。奇迹不管真伪，都是无法证实的；任何用来支撑信仰的某些未经证实的传说，都是毫无生命力可言的。不过，由于耶稣自身的性格、力量和感知，对周围也造成了显著的影响。对于耶稣说过什么具体的话，或是没说过什么，我们都无法证实，不过，只要是明事理的人就不会觉得，那只是一些对耶稣不理解的人虚构出来的概念而已。因为它的教义主旨思想明确清晰，使人信服。

虽然还有很多记录的细节存在不确定因素，但我还是想让那些虔诚的人儿做一件事，即不要觉得自己好像已经被某些神学传统所约束，而是要以一种简单、妥协的态度去继承基督教义的遗产与神秘象征。不管任何人，都不能借着某些老旧的规定去阻止人们获得基督或上天的爱。基督教义构筑了行为与情感，是一种完全的个人主义教义。而世人对于世俗精神的目的以及社会组织的野心，已经逐渐取代了教徒们的制裁与指引，这将是当中最大的难点。这样宽容、简单而又美好的象征，我想，虔诚的基督徒们应该用一颗感恩的心来迎接它。而在他们心中，应该有着更为远大，充满自然之美、艺术与文学的象征。人们渴望的心灵，因为所有平和与情感的激情而颤动。如果人们在这些情感的引导下变得自私、残忍或追求感官上的刺激，那就必须受到世人的鄙弃。当然我们也无法相信宗教情感会容忍这种与基督精神相悖的情况出现，不过我们要相信的是，不管用文字或形式表达，不管其散发出怎样异样的味道，让我们生活在上天爱的光环中，才是宗教的本质。并且，我们必须坚信指引与促进人之间温柔与怜悯的兄弟情谊才是宗教的最终目的，将它更加发扬光大。只有这样做，才能在这个黑暗笼罩的世界中互相扶持、依偎。然而，逃避或者谴责这种狭隘的宗教形式，却是与精度精神相悖甚远的行为。宗教教义遵从法则并尊敬它，哪怕他们知道，这种法则会在自身教义的不断扩张中被撕成碎片。不过，福音的所在便是自由，自由在平等状态下，有可能造成一个人必须在某些情况下，对他眼中的道德或智力上的专制有所抵抗。总的来说，人们必须明白，自觉的不虔诚以及对自身的限制，势必会决定自身。偶尔对与别人感受的同情，好像会与自身对虔诚的理解有所矛盾。不过我却认为，克制自己而优先对别人的考虑，至少不会是错误的。

猛烈与暴力，终将会被平和与温顺打败。和平演进，能让一个国家的结果更为圆满。我们都清楚，这要比武力革命更为妥善。就算是如今，凭借着牧师们温和、友善的劝解，一些狭隘的宗教体系也能获得更进一步的推广。雷声总是会在闪电之后。

也许，信念的胜利并不需要凭借争吵与战斗，只是通过静默与难以阻挡的潮流就能完成。翻滚的海水会悄悄地潜入沙子，将原本平静的池水注满。

还有一个更深层次的危险，存在于象征崇拜这个问题中，即如果一个人对象征完全依赖，将其构建至一个充满美感、哲理与宗教的宫殿中，那么这个追求就很难实现了。我们的誓言应当是难以达到的东西，而不是已经拥有的。只有难以企及的东西才能促使我们不断前行，驻足不前则是大忌。我们走在人生的旅途中，倘若因为陶醉在美感、情感以及宗教中而茫然失措，停止前行的脚步就地安家落户，这就仿佛我们睡在一片令人心旷神怡的地方而失去了力量。我们已经收获了很多，前进的动力很难再被激发，可是，满足亦是一种沉睡。

追寻艺术而产生的忧郁，动听的乐章所带来的伤感，离开令人神往的景色时油然而生的不舍与惆怅，都只是害怕我们因为流连而停下脚步，从而一直陪伴并给予我们警醒的"向导"而已。人们也许都见过这样一番景象，在一片高地上，坐落着古老房子的山形墙和教堂的塔楼，金黄的夕阳下，白嘴鸦在一片漆黑的枯树枝上歇息着，这样美丽的生命景象，难以想象地在这里展现着，使人不禁陷入其中。可是在今天，当西边的浮云被残阳渐渐染成金紫色，在路边我看到一个老农沿着耕地缓慢而沉重地走着，肩上还扛着一个耙子，小麦在田间的小路旁，苗壮地生长着，还有一座风车在不远处缓缓转动，不时传来"咔嗒"的声响。我是多么希望能有永恒的场景或是声音出现，可是此处的情景却使我明白，人生的目的并没有结束。虽然我也不清楚这究竟代表着什么。我在人生的旅途上放慢脚步，为了维持生计，在渐渐消逝的红日下形销骨立地劳作着，天国金黄的光泽反射到潮湿的小道上。

继续前行，一座穷人救济院出现在视野中，鹤立鸡群地站立在广阔的原野上。越过树篱，一大堆火山灰与垃圾藏在消防车库后面。那里还有一间阴森的太平间以及一片井然有序的公墓。多么令人哀伤的场景。许多失败之人和罪恶滔天的人就埋藏在这一排排的墓碑之下，想必连骨头都已经腐烂了吧。在墓碑上除了生卒日期，再没有其他希望的话语，这才是最可怕的情形。人们不由会想起那悲伤的仪式、庄重的牧师，还有逝者的亲朋好友们，也许他们正在心底暗自庆幸，这个无能、可怜的家伙终于结束了自己的人生。这个场景告诉人们自己的人生目标还没有结束，提醒着他们不要停下脚步。

我在渐浓的暮色中朝着城市的街道走去，所有卑污与单调都在这夜色中被擦拭干净，只有那些不规则的房屋尖顶穿透着安静的夜空。一缕灯光从窗户透出，展现出家的温馨味道。教堂塔楼上的钟响起了晚祷的钟声，悠长沉厚，使人浑身一震，产生一种"夜半钟声到客船"的缥缈感。这一切都给人类的灵魂传递了一种欢乐与平和的象征，十分美妙。

然而，我却在之后陷入了漫长的反思中。当无数象征之物都充斥在生活的各个方面之时，总是倾向于那些可以给自己带来满足或安逸的形象之物，这是十分危险的。荒郊野外坐落着一座座孤单的公墓，显得有些恐怖却又悲伤，而这也是象征物之一。这里肯定印证了上天心灵可怕的一面，在上天的世界中显现出奇特的缺陷或伤痕，这也是那些满足于自身需求的象征之物的体现。可是，这并没有给我们带来无忧、快乐和安全感。不要产生病态的心理或可怕的感觉，而是默默看着时间缓缓流过，钻入黑暗世界的深谷，也许这才是最佳的状态。骷髅躲藏在华丽的礼袍之下，国王的肩上坐着死亡的使者。我们必须时刻提醒自己，在前方还有阴霾在等着我们。我们应该在之后无趣与沉重的岁月中，找到使自己感到安宁的象征之物，而不是将这些东西气愤地扔在地上，这样做只会让自己想起失去的一切，不过，充满耐心与希望的等待，是我们命中早已注定的。看着金色的光芒与紫色的阴影在广阔的地平线上不断交替。我们不能将自己生活中神秘的欢乐以商品叫卖的形式进行出售。因为我们的谨慎，导致我们无法离上天更近，所以，我们要保持孩童般天真的心情，将友善的话语细心揣测，让光明充满狭小的房间，时刻记得微笑，平淡的食物也会变得丰盛起来。并且，对于那些通过出卖天父礼殿而获得收入的人，我们根本不用忌妒。

象征本质的价值，才是这个问题最为本质的核心。我们的人生并不仅仅只有令人昏昏欲睡的焦虑日子，在繁星密布的苍穹中，还涌动着某种令人难以想象的庞大设计与必不可少的元素。不管是什么时间，倘若我们所想的缺乏次序、毫无行动、没有话语，那么最终就只能被黑暗埋葬。不过，在上天心中，这些被我们称之为古老事物的永生事物，和当前的事物并没有什么不同，即便是在一百万个世纪之后，也还是一样。如果我们能够接近真理进行学习，那么精神的焕发是不可能无故消逝在黑暗的时光中的。人们心中感到最悲哀的事情是，原本认为应该如此的东西却成了另一番景象。上天是不会以人的意志而转移的，若是我们能够明白这个道理，那么我们无端产生疑虑、悲哀与遗憾都会随着真理之光的出现通通消散。这就好比，在阳光的照射下，青草沾染上清晨的露气随之蒸发；而一颗颗圆润的露珠，在拂晓旭日的燃烧下，像珍珠一般闪烁着。

第六章

艺术、人生、文学

一

　　我有一位同样是作家的老朋友，不过他和我的创作观点却是截然不同。我们经常会在一起讨论写作中的苦恼与乐趣。之所以说苦闷和乐趣，是要看你是否顺着他的心意。我们几乎没有讨论过创作的工具或习惯，因为不管是铅笔还是钢笔，坐在桌前还是躺在凳子上，对于我们来说都没有太大的关系。我们探讨的是关于写作的技巧和艺术。他总会做出这样的总结：他是一位纯粹的艺术家，而我只是一位"工匠"作家，意思就是他是专业人士，而我只是一个业余爱好者。对于这个观点，我不敢苟同。不过，他会对我说起来听起来似乎会让人吃惊的事实。譬如，他在写作之前就已经在脑子里做好了详尽的计划，哪一页该写什么，甚至于每一行有多少字数，都已经想得很清楚。虽然我也会在写作前画出一个大概轮廓，但在真正动笔之前，我是不敢确定某一部分所占的篇幅的。对于我这种想法，他表示非常不屑。他坚定地说："你这种说法就好像以为雕刻家在创造雕像时，却说自己不知道这座雕像的手脚到底有多长，究竟要占多大比例一样。"而我则像林肯总统回答问题一样回应了他——军队参谋在讨论一位最优秀的士兵应该有着怎样的身材比例时，有人问道："那么他的脚需要有多长呢？"林肯总统回答："我想，他脚的长度至少应该可以让他们在地面上站立！"

朋友听完后，大笑。他说，我们只是在讨论准确在艺术写作中估量素材价值，再加以利用的问题。作者必须能够控制语言，而不是被语言摆布。我反驳说，不论最后会结出怎样的花朵，都是会有各自的形状和结构的。对此，朋友说我对文学形式太不尊重。

其实我对文学形式是非常尊重的。我认为，我们自己所选取的眼光，才是决定世间万物好坏的关键。作者在创作一个作品时，是希望作品的意义与风格永恒存在，还是转瞬即逝呢？我想，也只有个人的写作风格能够真正留到最后了。往往读者们是不会被以模糊的语言、混浊的中心思路表达出的深沉或伟大的思想所吸引的。当然，这根本无法与用奢华的语言、引人入胜的表达方式修饰下的轻浮或烦琐的思想同日而语。就好像，一般来说诗人的思想并不都是新颖和细腻的，也会是我们平时就能说出口的东西。只不过当这些思想被齐整的诗句表达出来后，我们就会感叹说："原来是这样。这些思想话语早就存在于我的脑海中了，就是不知道该怎样将其描绘出来。"一个作家的思想是否能被读者们认可，很大程度上决定了这个作家是否伟大。作者之前有很多质朴与平常的话语，但通过诗句的形式表达出来后，读者立即就能感受到他所表达出的思想的美感了。一张漂亮的脸蛋或创新的形式出现后，能让大部分人感受到美感的存在。不过，诗人却可以透过平常生活中的日常琐事，探寻到最为质朴的美感。

我更加看重语言自身的美感，而表达思想时的侧重与平衡感相比起来反而没那么重要。当然，我也很愿意看到作品以一种合理的结构形式呈现出来。写作形式太过明显的作品，在我眼中就像是一棵过度修剪的紫杉树，我宁愿看到一棵树自然地成长，而不是被修剪成各种漂亮却都不是树的形状。

相比起英国人来说，我们的"邻居"法国对文学形式有着更加执着的精神。尽管在他们写的故事中有不少对形式的妙用，可我并未从中感受到兴奋，而只有压抑。我认为，在他们的文学作品中，少了生命中应有的自由与自然。他们所创作出的艺术形象厚度，不太符合人生与人性的品格。假如一位作者想要真实地描写生活和人性，那么他就该按照生活与个人性格的规律自然发展，而不是去操纵和控制，这样一来我只会认为这本书只是一出木偶剧，作者就是导演，控制着作为主人公的木偶，牵引着他们的一举一动。也许从某些方面来说，这也是一场能使人感到乐趣的精彩演出，但这种乐趣并不是我想要的。我所欣赏的并不是作者通顺却不真实的文字，而是生命的奇妙与延续，包括插曲。所以，我更喜欢内容结构松散但有着生动描写的书，比如托尔斯泰的小说，呈现在我眼前的更多的是生活本身应有的画面，而不仅仅只是纠缠于形式。我不愿意看到世上每样事物都需要解释清楚，也不想看到每样东西都得有规律地进行排列。我渴望更加宏大与不羁的因素，就像生活本质所表达出的含义，至少这能让我感受到某种宏大与不羁。

我认为所有文学原则的制定都是毫无意义的。毕竟这些所谓的原则都是由某些著名作家的作品中总结出的。也许此后，某位新生作家的作品会推翻之前所有的原则，那么，那些评论家们又会忙着制定新的原则。就拿罗斯金来说吧。大量激烈的辩论、整齐的段落以及流畅的语言就像在阳光下汹涌翻滚的波涛，出现在他早年的作品中。这些作品无疑也是优秀的，但比起《手握钉子的命运女神》以及《前尘往事》这两本书籍的魅力，那就太不值一提了。这是他后期的作品，读者从这两本书中基本感受不到形式的存在，跌宕起伏的内容散发出阵阵清香，就如作者的真实思想一样在读者眼前飘散开来。当然，罗斯金在这个时期已经是语言大师了。他后期的作品带给了读者强烈的现实感，充满了活力。在创作《手握钉子的命运女神》一书时，罗斯金肯定感到了深深的绝望，他记录下闯入脑海中的思想，想到哪里就写到哪里。他在创作的时候并不知道这一章的大概结构，我想，他自己也许都不清楚究竟会写些什么。

我认为艺术派作家与自然派作家的真正区别如下：艺术派作家会对书的内容、魅力以及形式结构等方面做全面考虑。他们也许极度渴望得到那些资深书评家的肯定。当然，他们必定也要遵从自己的艺术良心。一位著名作家曾犬儒地说，那些认为作家写作是为了得到读者肯定的观点是不对的，他们只是为了赚钱，而可以让读者们去买这些书，才是掌声存在的唯一价值。

事实的确如此。假如作家总想着自己的表现，那他们将会成为如钢琴家、魔术师之类的"专业人士"，而取悦他人则成了他们最为重要的事情。他们清楚过多的原创是危险的，因为人们更愿意见到他们所期盼的东西，而不是违背他们期望值的事物。然而，自然派的作家却更在意他想要表达的话语，以及这些话对他人的影响。为了达到这个目标，他们必须对语言的魅力及感染力进行研究。不过，他并不是为了写出富有魅力或感染力的作品，而是因为他无法控制内心涌动的思想。或许，他到过一个美丽的地方，想与人分享他对于美感的定义；或许，他脑海中闪过的一道灵光，将许多零碎的思想汇聚成了一个整体，然后他用文字将其表达出来，他希望将这灵光一闪的快感与别人一同分享；抑或，在追忆过往时突然发现原本看似空洞的格言，经过时间的考验后却成为人生的真知灼见，终于意识到原来古老的谚语并非无聊的结论，而是经过无数人怀揣着希望、战胜恐惧后所凝结成的真理。

我认为，写作是一个将快乐与悲伤与众人分享的过程。当然，如果这个人忠厚质朴、热情真诚，不管是在铁轨旁还是乡间小道上，只要遇到了，都会谈论一下这个事情。不过，也许别人根本不理解或是不在意，他们甚至会认为这样做是无礼和疯狂的行为。面对他们的表情与话语，我惶恐不已，以至于认为自己也许真的是疯了。不过，作者却可以在书中记录下这些事情所带来的感受，并希望"正确"的人能看到这本书。同样，这本书也有可能落入"错误"之人手中。一些书评家们可能会说出他们的观点，就像很多书评家曾告诉我他们的意见，也许从表面上看还带有一些尊重的成分，然而实际上他们想说的是，因为我是一个傻瓜，所以我才会承受痛苦。有时，我已经做好相信他们的打算了。但这样的批评却无法让那些准备畅所欲言的作家感到半点气馁，因为他们明白自己无法让每个人都喜欢自己，只好认为是"错误"之人得到了这本书。我曾经有一本书也有过这样的遭遇。《卫报》是一份很有内涵并值得尊敬的报纸，一天，一位书评家对我这本书的评论上面刊登出来，题目是"本森先生那一部分鲜为人知的灵魂"。

书评中说，我的那本书中到处都是堕落的文字，简直就是对文学的侮辱，对读者的犯罪。若是我的这本书真的让那位书评家替我感到羞耻，我很乐意对他道歉，要是我知道他的名字，我也很乐意向他表达我的遗憾之情，只要他以后不再读我所写的书就行了，并且，我也不会谎称自己以后不会写这些内容了。我倒是真的希望他也能告诉我他"鲜为人知"的那一部分灵魂。我有可能真的被他说服，甚至还会将他那更为高尚的文字理想奉为楷模。如果是那样，我会认为他是个通情达理的人，而不是现在这种粗鲁的感觉。就像我开始说的那样，我从不质疑他所拥有的批评权，假如他用这样的语言来写书的话，我想缺乏教养的人肯定喜欢。

然而，我也害怕自己关于形式的论述是完全错误的！或许，我材料运用得不够妥当，也没有惟妙惟肖的人物形象。只是一本书而已，我想，我更加着重于书中展现出来的活力与真实感。我很享受与他人进行心灵上的沟通，哪怕是《卫报》上的那篇书评，我都认为是有价值的，因为作者的确说出了他内心的看法。当然，每个人都希望能与友好的人进行沟通交流。而我最期待与之交流的人，是有一颗童心的人，这样的人对生活永远保持着好奇与神秘感。尽管这会让人有些压抑甚至不可理解，不过抓住美感，让自己保持平和的心态去生活和工作才是最为重要的。我不介意与顾盼自雄的人接触，尽管他们将全世界都当作了自己能够恣意享受阳光的舞台，取笑一些不敢从软弱之手中抢走东西的人，尽管那东西并不属于自己，然后再尽情享受。我的一生算是幸运的，收入高于原本应得，当然我希望这些都出现在不给别人造成利益损失的前提下。不过，我的人生也曾遭遇过一些不幸，差点将我的人生全部毁掉。对于很多事情我都无法找到合理的诠释，只是蠢蠢地坚信一点，即不管未来看上去是怎样的黯淡或恐惧，都并非人生全部的意义。我也见识过许多不幸降临在其他人身上，这一切太过莫名其妙，甚至无法让人从中汲取到任何希望。我最希望看到的是，那些遭遇过不幸并且目睹过别人痛苦的人，依旧能够用乐观与美好的解释来面对这些，并将这些乐观美好的感念与我们一同分享。

这些思想一直在我的脑海里盘旋，所以也就不奇怪，为什么我会对形式、行文布局以及很多文学家们看重的其他方面会采取这样漠视的态度了。不过，漠视这种思绪是不能当作为自身开脱的理由的。

某天，我读到了苏埃托尼乌斯写得有趣的文字，那是对古罗马皇帝尼禄的一段令人吃惊的描述。尼禄的骨子里流淌着艺术的血液，据我们所知，他表达能力极差，还患有遗传精神病。众所周知，他毁了自己的一生，甚至连罗马帝国也被他弄得土崩瓦解，一蹶不振。这段文字的内容讲述的是尼禄面对高卢叛乱时的反应，他以一种纯艺术的眼光去看待这次叛乱。晚餐后，他和他的精神病朋友安逸地坐在一起，尼禄眼神迷糊地说，他已经决定前往叛乱的高卢行省。他打算赤手空拳地站在叛军面前，号啕大哭，让叛军感动，然后缴械投降，并且叛军还会在第二天聚集在一起高唱着他创作的颂歌，欢庆感恩节。尼禄说，他得快点将颂歌歌词写好。

最后尼禄的计划到底有没有实现，颂歌究竟有没有写好，我都不得而知。不过在我看来，这个故事将某些人因为太过看重艺术性，而不重视结果的态度淋漓尽致地展现了出来。这就是艺术家眼里只剩下艺术性观念所产生的危险后果。尽管我很喜欢煞费苦心写出来的著作，内心也会因为一首赞歌而感到雀跃，可我并不觉得这就是艺术的最终价值。只有将每一个故事都以美丽的语言、富有感染力的方式散播出去，人们才有可能去欣赏。不过，对生活的批判、阅历的比较以及欢乐的分享，这才是艺术的终极意义。

二

从自己的内心深处向读者的内心深处发出呼唤，才是作家应该发出的声音。作家能给人启发，使人灵感迸发，引导人们的积极性；作家要用美妙的思想表达方式，创作出能满足人们精神需求、使人尊敬的作品。

有一种不好的倾向存在于某些作家中，我说的是那些所谓的文学追随者，而绝不是那些伟大的作家。倘若他们真的知道创作是什么，那么将完全可以成为名家，然而他们却总是在对某些思想家或艺术家进行模仿。他们一直认为写作是一门值得大力颂扬的神圣行业，他们还认为写作需要高人的指点才能理解，是一件脱俗而神秘的事情，一般的庸俗之人是不能从事这项工作的。对此，我很是怀疑，在我眼里，这不过只是为了引起公众对作家的羡慕和尊重的一种装腔作势罢了。这就和男巫的"道具"一样，有着同样的预设作用，比如长袍和魔杖、手工做的鳄鱼、角落里的骷髅等。只要给箱子加上两把锁，就能成功引发人们的好奇心，猜测箱子里究竟有什么特殊的玩意儿，引发骚动。我有个哥哥在小时候很喜欢把他的宝贝们锁进盒子，然后再向我们炫耀，将盒子的锁打开，笑着偷瞄一下，然后故作神秘地合上，轻轻锁好，再期待地看着我们，希望我们能展现出强烈的好奇心。可是，后来我们通过侦察，才知道里面只不过是一些羊毛、干豆子和子弹壳罢了，根本没有什么好东西。

因此，我也很明白，某些作家或艺术家表现出一种虔诚，将他们的工作神秘化，仿佛需要想象力的写作行当与艺术创作的过程极其复杂，无法向公众解释，只有某个同业协会才拥有所有权。于是，各种派系和圈子就这样出现了。倘若他们的作品没有获得承认或掌声，那么同一圈子里的人就会互相安慰与赞美，想要以这种亲密的方式将公众的冷漠抵消掉。

不过，这并不适用于那些对艺术真正感兴趣的群体。不管是何种艺术，只要有着浓厚的兴趣，他们就会形成一个志趣相投的圈子，热烈、坦诚地对各种创作方式、喜好、见解、绘画以及音乐进行讨论。这样浓厚的兴趣很难受到外界的影响，是一种与众不同的事情。这种热情通常会因为为了排斥而排斥的欲望变得低俗甚至病态：沉溺在孤独的迷恋中，渴望别人能听见自己的声音；眼睛时刻关注着公众的反应；想在别人面前变得高深，试图使人不解。人类天生就有一种欲望，即利用别人好奇的本能，每个人都想了解某个群体的内部，仿佛里面会有什么使人兴奋的交易。

比如，拉斐尔前派画家就不是一个排外的小集团，而是一个团体。他们充分享受着艺术带来的乐趣，将全部精力都投入到创作当中，时刻探寻着艺术的发展道路，用心去迎接和赞美如女诗人罗塞蒂所认为的那种"使人震撼与绝妙"的作品。对于自己的领域，他们很有信心。他们的兄弟会与其创办的《萌芽》刊物，以及神秘的首字母签名，形成了一个规模庞大的队伍。他们齐心协力，渴望能对时下庸俗的伤感艺术给予如同刺杀暴君一般那样深入的批判。不过，他们的力量是有限的，只能让流动的河水泛起阵阵涟漪，却不足以掀起真正的革命，并且分歧很快在他们内部出现，大部分成员另辟门户，用自己的方式继续创作。这场运动将他们对艺术迫切的追求以及对美的呼唤体现出来，就如同切斯顿先生所说：就像普通人对啤酒的喜欢一样。不过，他们并非想把艺术神秘化，也不是想将自身的重要性扩大，为了创作出更多、更优质的作品，而对持有怀疑态度的人进行引导、同化，才是他们的最终目标。

盎格鲁-撒克逊人的性格中有种气质，这种气质使他们对运动或群体活动不太适应；许多维多利亚时代文学艺术界的伟大人物，也与传统规范针锋相对，这群孤独的人性格都极强，不太在意常规流派，创作思路完全遵照自己的意愿。盎格鲁-撒克逊人尽管习惯了服从，但是却不喜欢对别人效仿；他们的脑子中充满了别出心裁的灵感，都有着自己的行事风格。就比如华兹华斯、济慈、雪莱、拜伦这几位同时代的伟大诗人，他们相互之间就没有受到多大的影响。而再想想司各特总结自己艺术信条时说的话：我已经取得了成功，而我能取得成功很大程度在于能够坦诚而又快速地进行创作。当然，他这么说也是为了取悦那些热诚的年轻人们。华兹华斯对于自己的作品的确保持着庄严的威望，他承担着近似于祭司的职责，对来访者进行热情的招待，将自己的创作过程向他们进行讲述与介绍，并告诉他们自己的某些作品是在哪里写出来的。不过，就如菲茨杰拉德真实的描述一样，华兹华斯非常骄傲，他并不是自负，只是向漂浮在高空上的云或者孤傲的山一样骄傲。他并不需要别人的肯定或赞美，他只是想完成自己作为诗人的责任，并得到他人的理解。

再来说说后来的伟大诗人，丁尼生喜欢陶醉在自己所写的宏伟壮丽的诗篇之中，就如孩子一般。他曾表示，公众渴望对艺术家的私生活有所了解，但这是一种最为羞辱与庸俗的好奇行为。随后他叹了口气，继续说道，这段时间对于他声誉的赞美似乎没那么多了，这段时间，他竟然连赞美自己的信件都没有收到!

而勃朗宁则完全不同,他将自己的爱好以及写作进度严格地对外进行封锁,他好像从未将自己的思路或写诗的状态透露过给别人。他就像一个有修养的股票经纪人一样,谨慎地对待着自己的职业,从不轻易开口。他尽全力将自己完美绅士的形象展示在别人面前,高雅、不失传统,他努力表明自己只是一个普通人,连与人闲聊时的奇闻逸事都不是那么有趣。没错,于文学领域相关的工作在 18 世纪时还没有引起人们的特别注意,我想勃朗宁肯定一直被这个观念所困扰着。此外,勃朗宁还希望自己像格雷那样被人看作一位隐居的绅士,而写作只是他的兴趣而已。为了摆脱让他疲惫的社交应酬,恢复自己的精神面貌,他在后来的几年中经常外出度假,显然他并不仅仅为了找个可以沉思的地方。勃朗宁内在的诗人生活与他外在的社交生活是完全疏远的,不得不承认他在此方面的确是文学界里最神秘的人物之一。在他的内心中,总是无法平静,他对人类激情的价值给予了高度的赞扬,对那些可耻灵魂的秘密积极地进行揭露,之后再将自己从写作状态中脱离,化身成为一名彬彬有礼、落落大方的绅士,看上去他就像一个退休的外交官,谈吐却又如一位精明的商人。也许,他希望与大家一样,是一个有幽默感的人,所以只要一有机会,他就会这样表现自己。

我们又该从哪个角度去了解狄更斯呢?是他热爱的私人戏剧,还是他华丽的马甲与金表链?是他伤感的激进主义,还是他率直、友好的性格,喜欢饮酒与社交的生活方式呢?同样,狄更斯也很痴迷于孤独地写作,他好像并不太喜欢对创作的思想及方式进行讨论。后来狄更斯为了专心写作而辞去工作,一方面是这样更有利于写出更多作品,另一方面则是为了赚钱。他这一古怪的举动,也是很值得文学界研究的。狄更斯在这一点上与莎士比亚有些接近，他在实现资产阶级繁荣的理想上投入了自己后期生活的全部激情。创作在他的眼中，出了是改造社会的一种手段以外，还能给他带来收入。他的这种想法很大部分的原因是因为他曾经窘迫的生活，让他备受耻辱，这种悲惨境遇在他内心留下了深刻的痕迹，无法磨灭。不过，他并没有结束创作活动，只是在此基础上他又有了实现资产阶级繁荣这一新的目标。

　　至于卡莱尔这位作家，他对自己的职业看得并不太重，写作只是为了发表自己的预言而已，他喜欢把表达思想放在第一位。比起文人及其小圈子，他更喜欢贵族社会，可是他同时也会说，贵族社会有着一种难以言喻、使人厌倦的气氛。为了去参加在公共浴室举行的晚会与酒会，卡莱尔会不顾劳累地走上数十英里，这种举动有谁能理解呢？难道原因就是因为有阿什伯顿人住在那里吗？还是他对贵族社会有了新的认识？我觉得，卡莱尔作为苏格兰小农场主的儿子，在准贵族阶级的圈子中，有着肯定的、受人尊重的社会地位，在这种环境中他很无意识地让自己的自尊有所满足。而他最终移居克雷干帕托这一行为表明，能够在他或者说是他夫人的地盘里，成为毫无争议的领主，让他有了足够的尊严，使他极为舒坦，这点毋庸置疑。我并不是想指责卡莱尔的势力或者贬低他。他并不愿意用一种奴性般的服从艰难地挤进上层社会，他更愿意直接走进去，并且不用忌惮任何人，在那里发表自己的观点。这些素质就像一块大镜子，照出了他独特的一面。不过，卡莱尔在评论自己的同行时，却是最为严厉与犀利的。他称查尔斯·兰姆是一个"身体孱弱、喘着粗气、行走不便、结结巴巴的大傻瓜"。这可是极不近人情的话语！再来看他记述下来的对于华兹华斯与他握手的描述："这并不是握手，他只是伸出了几只麻木并且没有什么反应的手指头"；他还说华兹华斯的演讲是他听过的最糟糕的，"烦芜累赘、枯燥无趣、毫无内涵"。尽管他承认华兹华斯是个天才，但却又说他"在本质与非本质两方面都只是一般的天才而已，他们想唱或想说什么就让他们去唱去说吧"。实际上，卡莱尔对自己的职业极为鄙视：他是最生动与健谈的作家，却对自我表达的欲望进行讽刺。作为演讲次数最多、效果最好的演说者之一，他却在主张与称赞沉默的美德，他说自己想成为一个不说废话的实干家。罗斯金曾犀利地指出了卡莱尔的问题所在，他说卡莱尔在自己的生活中，总是对难以忍受的工作压力一再抱怨，感到精疲力竭，总是发出哀叹。这是他一生都在困扰的难题。可是，在卡莱尔的作品中，却总是充满了活力，四处都是奔放与生动的细节，从某些方面来看，似乎并没有耐心去搜集素材，反而更像他公开表示自己喜欢这样做。此外，还有卡莱尔谜一般的演讲风格，他的演讲总是充满了热烈、雄辩、感人以及口若悬河的侃侃而谈，但是他却表示，自己在每次上台前都会非常忐忑，演讲前夜总会因为焦虑而失眠，需要靠药物来镇定；他还总是说，他最希望看到的是听众将一个大浴盆倒扣在他身上，可是他却总在听众热烈的掌声与欢呼声中走下讲台，这时他觉得自己就像一个靠敲诈榨取钱财的浑蛋，一个靠四处演讲谋取利益的骗子。

丁尼生曾在布拉德利担任马尔堡学校校长时与他住过一段时间，在他们中间发生过一件趣事。在一个傍晚，丁尼生很真诚而又严肃地告诉布拉德利，他忌妒布拉德利。在他眼里，校长的生活充满了真实感与成就感，工作也都是踏踏实实的内容。丁尼生承认，有时他会对自己的诗进行深刻的反思，费尽心血写出来的这些东西究竟有着怎样的意义与价值呢？他与布拉德利，到底谁会更加快乐呢？

实际上，同样的想法也在困扰着那些忙人。比如说，一个人批阅了一整天的试卷，或者开了一整天会，假如有所深思，也许就会自我抱怨道："我整天都像在做苦工一样，审阅了无数份卷子，或是对那些无足轻重的琐事做无休止的讨论，这些工作的意义与价值到底在哪里呢?"阿尔弗雷德·莱尔爵士曾说，一个人倘若参加了重大公共事务，那么他对文学的看法就会有所改变，这就好比乘帆船横渡大西洋的人可能会想起在泰晤士河上划船的人一般，彼此可以相互理解，感同身受。在英国上议院大法官利奇菲尔德去世时发生的一件事情，让大作家约翰逊非常愤怒。鲍斯威尔对他说，你约翰逊假如当初选择法律作为职业，那么你也许就会有和利奇菲尔德一样的头衔，当上大法官了。约翰逊听完很是恼火，他说，在这时提醒一个在这一领域有潜质却又没有成就的人，实在有些不友善，而且也太晚了吧。

通过以上这些插曲和叙述能推断出，即便是最杰出的作家，也会有所感叹，尽管从事着文学创作的职业，也并非都觉得那就是自己最好的选择，并且他们时不时会因为这种想法而痛苦，因为相比起来，通常那些在类似于政界这些领域中的政客们，所取得的成就要实惠和荣耀许多。

然而，我们必须问下自己，一个充满想象力的人从成功的方面来看，究竟代表着哪种象征，人们究竟是因为什么才有了这种想法。抛开诸如物质、地位、影响力以及名誉等这些明显的优势不说，一个有着深刻思想、开阔视野的人之所以会产生这种想法，很有可能是因为他得到了走入政界担任高层公职的机会，在示范、戒律的影响和法律赋予的权力之下，做出一些能让自己的理想与蓝图变成既成事实的事情，从而对道德的提升以及社会的变迁有了深刻的影响，其自身也能流芳百世。

从以往的例子来看，我们不得不承认，通常只有在死后伟大作家才逐渐形成了良好的声誉，因此我们必须特别慎重，不能只把某个还健在的作家对于未来甚至现在的影响，单单归功于他的见解。毋庸置疑，罗斯金与卡莱尔的确对他们那个时代的思潮有着很大的影响。在讲授艺术理想时，罗斯金概括了他对美以及其影响力的追求，而卡莱尔为了表明自己积极的正义行为和对伪善、虚伪的仇视，不停地将一种更有说服力的理论灌输给公众。然而，罗斯金在之后的几年却一直被失败的阴影所笼罩着，他深深地感受到了自己的无能，他觉得读者在欣赏自己美妙诗句的同时却在对他的思想进行嘲笑；而卡莱尔也觉得自己在海底捞月，白费工夫，因为对物质的享受以及虚伪的体面才是人们想要追求的东西，这个世界比以往任何时候都更加安逸。

　　倘若我们将实干家与作家的名望做个比较，就会出现令人困惑的对比结果。谁会将约翰逊忌妒的利奇菲尔德与微小的思想联系在一起？崇拜并怀念华兹华斯的人中有谁会对其同时代的英国首相戈德里奇子爵的任何功绩有所了解呢？世人将已逝去诗人的自传或回忆录一遍遍重复地读着，到诗人曾生活过的贫苦山庄进行瞻仰，珍惜任何一点记载着诗人创作历程的遗迹，与其相关的所有纪念品都被收藏起来。除了专门从事历史研究的学者以外，其余的人们都逐渐淡忘了政客与将军的名字，而对于那些伟大的小说家或诗人，甚至包括那些不太重要作家的记忆，公众却不断在进行重温与粉饰。当弥留之际的济慈躺在那间闷热又嘈杂的房间之时，若是能够知道自己每一个的生活细节，随手写下的任何文字，都会在一百年后被人们以渴求的目光重新审视，而当时掌权的内阁成员名字却没有几个历史学家能够说出来，他会是怎样的感想呢？

　　莫利公爵曾说过一个故事。一天，在文学艺术界人士聚居地伦敦自治城市切尔西的大街上，与拉斐尔前派画家罗塞蒂相遇了，此时议会大选正在这里举行。在互相闲聊了几句后莫利发现，罗塞蒂似乎没有任何关注大选的意思。当罗塞蒂知道大选正在进行后，他有些迟疑地说到，哪一派获胜他都无所谓。在讲述这段趣事时，莫利公爵表示他自己也不太记得最后入主议会的是哪一方了。于是他得出一个结论，议会选举和我们真的没有多大关系。

实际上，民众的生活一直都在继续，尽管政治家们在行政管理上做出了十分精心的安排，但对于民众的现实生活来说，这种安排却是无关紧要的。世上最明智的政治家并不能给民众的生活造成很大的影响，他们只能借助公众的舆论，假如越过雷池一步，立马就会陷入深渊，也许，能提前六周预测到民众的想法才是政治家要做的最重要事情。可是，作家却是在从自己的内心深处向读者的内心深处发出呼唤的声音，他们能给人启发，使人灵感迸发，引导人们的积极性；作家要用美妙的思想表达方式，创作出能满足人们精神需求、使人尊敬的作品。理想主义者在半个世纪之前的信仰便是如今普通人所信仰的事情。作家必须借助自己的名望来赌赌运气，而能够避免使用那些暗指对手与读者价值观的修辞手法，尽量将自己梦想与愿景透彻而又美妙地展现出来才是他最想得到的结果。再看看政治家，他们不得不去辩论、抗争、妥协与转变，倘若不行，就只能采用强制手段。这样的行动过程十分卑劣，但他们在开始的时候必须不顾形象，甚至还要牺牲真理。尽管这不是最好的方式，但却很有效果，也许人们会被说服，接受他的观点。

从某些方面来看，作家需要承担更多的风险：他可能会放弃平凡、踏实的工作，却没有给自己插上翅膀的力量，梦想无法实现；他可能会碌碌无为一生，最终无声无息地死去，理想是丰满的，但现实却很骨感，到头来还是竹篮打水一场空。也许，作家最终会成为堂·吉诃德式的人，戴着脸盆做的头盔，用长矛刺向风车，可是他没有别的选择，相比起其他那些为了成功而付出代价的人，他的代价更为沉重。

将文学创作与生活对立起来是一种完全错误的做法，也许，人们在吃喝之间就能看出区别。换种说法，也就是假如一个人将全身心都投入到富有想象力的创作与对美的洞察与表达中去的话，那么他就必须得脱离其他活动。毕竟想象也是人类生活中的功能之一，也可以在股票经纪上适用。实际上，盎格鲁-撒克逊人将财富的获取堪称最明显的生活功能，不单单是出于本能，还有遗传特质的原因。一个人因为忙于创作财富而失去了提问的时间，我们就会自然而然地认为只要他没有破坏社会规则，那这种忙碌就是合理的；同样，倘若一个人用与众不同的手段获得了很大份额的世界财富，我们也会对他赞誉有加。的确是这样，人类为之努力的最终目标从原始时代开始就没有发生多大的变化，并且在我们的脑海里一直有着这样的印象：丰富资源的拥有才是成功的象征。我想，比起在英国，消遣休闲在美国会更容易被人怀疑与否定，而即便在英国，逍遥的权势者同样也会遭到人们的眼红与忌妒。倘若一个人过着成功人士的生活，没事就去打打野鸡或者玩玩高尔夫球，那么比起那些出于娱乐而写诗、作画、作曲之人，他会得到更多的信任与尊敬。人们对于野外运动都能够理解，但对于追求艺术者却会产生怀疑，即便他们为此做出解释，却也会使人们认为他们是不是因为生性懦弱，行为古怪才会选择这条道路。只有当艺术作品带来真正的财富之时，这些艺术家才会得到应有的尊重。

前不久我有个朋友不幸离世。他在年轻时曾做过行政管理工作，非常富有，到中年之时他就开始沉迷于休闲生活。他到处旅行，博览群书，深入社交，和朋友们一起享受欢乐时光。他在去世后被人说成了一个业余的艺术爱好者，人们称赞他有很多优点，光明磊落，作风正派。不过连他最好的朋友都觉得有必要做出一些解释与托词，说明他胆怯害羞、说话不利落，并不适合到议会任职。不过我觉得，能替自己的朋友做那么多，使人感受到那种最为质朴的幸福感的人还真是屈指可数。你和他在一起时，就能很自然地感受到他的热情，与你在一起的每一刻他都积极地享受着，这使你也能感受到生活的轻松与惬意。我在去世之时就在想，只凭一个人的职业与事业就对此人的美德与作用作出评价实在太过片面。倘若他真的进入了议会，投上一张无足轻重的无声票，再花上大量时间去参加各种集会，写写信函，在议会的走廊中闲聊几句，那么他肯定会被视作一个至关重要的人；但实际上他的职业却好像不太可能会有什么建树，尽管他会在紧急关头向朋友伸出援手，或者将一条瘸腿小狗抱上台阶，待人友善，善于理解他人，曾经十多个群体或圈子都视他为中心人物，可惜这些行为按照社会的标准来说都无法被称之为成功。他持之以恒地做着善事，为此付出了一生的精力。比起我这个喜欢当和事佬的朋友，我能想到的另外一些人，他们自私，过着舒适的日子，挣钱、累积财富，却没有真正的仁爱与文雅，可是在人们心中，他们却更值得尊敬。这一切都让我意识到，原来那些被我们所钟爱的理想是多么的偏私和让人难以忍受。那一个个自封为慈善家或活跃的政客们除了那种纯粹的损人利己、巧取豪夺的生活以外，只是为了实现自己的野心而已，他们的行为不会带来好的结果，总而言之，没有几个公众人物是真正为了公众而工作的。而真正的美德与美的源泉，来自于质朴、仁爱以及不计得失的生活态度，这也是另外一种意义上的成功，这种人生模式具有很高的价值，值得人们永远怀念与珍藏。

而能够帮助我们培养上述这种成功生活模式的其中一项元素就是文学，因此，我们继续来说说文学这种东西。所有人都觉得我们无法离开文学，并且从文学的本质来说，它是代表着对愉悦、美好与生动谈话的一种引申。文学那种能够介入巨大秘密的狂喜是对生活的一种愉悦的感知，我们可以从文学中享受到爱情与友情的乐趣，实现对美的向往，还能通过人类可以采取的最有效形式渐渐将人们生活中无法实现的憧憬形成，使人在面对现实中无奈的那一面时获得所需的勇气与对过往生活的回忆。物质的获取并不具备真正的精神价值，只有那些在一线工作的人与那些为别人增添快乐的人才具备令人称赞的资格，可是实际上他们得到的尊重却非常之少。

当然我也承认，的确有一些弱点存在于艺术生活中。在很多人眼中，艺术创作不单单只是一种纯粹的交流，只是通过它传递内心的激情，就如孩子一般陶醉在引人入胜的故事当中，而是被他们当成了吸引公众眼球、博取掌声的工具，于是艺术就与其他关注自身利益活动有了同样的性质。反之，倘若一个人在从事艺术创作时只想着付出而不是索取，总是忍不住想要与他人分享快乐，那么艺术创作就能成为高雅庄严的事业，产生一种不可估量的力量，推动整个世界。

而倘若艺术创作者只是将其看作一种手段，这无疑又在艺术的道路上投下了一道浓厚的阴影。那些带着强烈情感与敏锐观察力的人是我所认识的最不愉快的艺术家，他们还不具备用艺术形式表达自己感受的能力，太可悲！在文学道路上胡乱拥挤推搡着的，也就是这些人。他们被艺术的芬芳所诱惑，不再愿意从事平凡的工作，这种情况是很危险的。最后这些人最后变得狂躁、忧郁，要么变得刻薄、傲慢，散发出令人厌恶的味道，这是因为他们想要表达对艺术的痴迷时，却并不具备艺术的灵感与熟练的技巧。

约翰逊博士曾说："一本书要么表达出怎样享受生活的乐趣，要么向读者表达该怎样忍受生活的苦难。"我想这是对文学作用最为尖锐与恰当的表述了。不管是享受生活乐趣还是忍受生活困苦的人，只要他愿意，就有表达自己感受的权利。假如他可以帮助别人享受乐趣或忍受苦难，那么他对自己在生活中发挥的作用就永远都不用质疑；就算他无法愉悦地享受乐趣，却还可以用善意的幽默去忍受苦难。

三

　　大英帝国如今成了人们谈论得最多的国家，并且通常都会以一种睿智且英勇的形象在他们口中出现。我们总是称自己会伸出友爱之手，如兄弟般将仁爱之心传递到大洋彼岸素不相识的人类同胞那里，为自己国家充满活力的生活及思想能够给世界带来影响而感到自豪无比。当然，英国完全可以沉醉在那些古老的祝福中，感觉自己就像一个快乐母亲，带领着许多个孩子。不过，我认为要是武力的手段在这个过程中能够减少的话，那这个欢乐的大家庭就不会产生排挤或让原本在其他地方玩耍的孩子滚到角落里去，并且还称是因为上天深沉的愿景之名才做出了这样的举动。

　　当我们在为大英帝国遍布世界的脚印，推陈出新、自强不息而感到沾沾自喜之时，不时也应该将思绪明智地转回到自己的国家，反求诸己。在漫长的历史与传统的长河中徜徉，感受一下被我们传承至今的岛国民族的真正内涵。在这片岛国土地中遍布着无数古老而美丽的珍宝，它们通常隐藏在偏僻的村落、茂密的森林、遥远的峡谷与山川的缝隙中，可是它们却被许多像我们一样的城市居民无情地漠视掉了。假如人们愿意探寻一下英格兰的寂静之处，城堡的废墟、僻静的修道院、古老的房屋以及被鸟儿筑巢的教堂，他们就能体会到曾经人们在这里过着的生活是多么的平和安逸，世代相传，经久不变。当时，城镇还没有被铁路连接，地位低微的劳动者还无法阅读报刊，因为他们还不识字，不过，居民们的生活却是充实多彩的。

我们也许不应该过分去缅怀，因为当人的思想都沉溺在一种浪漫的烟雾中时，就会忘却现实中所有的苦难，然后只能用悲伤与沉默面对着人性的弱点，仿佛这些破坏力极强的罪恶都是最近才出现的；似乎人们在曾经平和的岁月中，一直都在进行着有益的劳作，过着恬淡的生活。实际上，相比起来，如今民众的生活水平要体面、合理并舒适得多，更多人愿意去对那些误入歧途的人给予帮助或拯救，但他们却发现自己已被岁月无情地碾过。

不过，曾经的生活的确存在着其自身的美感与宁静，最起码没有那么多的喧哗与不安，也没有那么多无聊与空洞的声音。他们大多数都保持着一种泰然自若的生活态度，顺其自然，少了许多的刻意。他们没有太广的活动范围，反而却更为专注。不用怀疑，山川环绕的壮美、庄严会给他们带来更为强烈的感受。倘若长年漫游在远方，当看到美丽的教堂与领主的居所，哪怕只是村舍与谷仓，看到他们房子屋顶上的瓷砖，堆砌的山形墙，直立着的竖框与枕木，都要比那用敞篷货车拖来稻草、石板与金黄的砖瓦，再将铁质的褶形谷仓建立在高墙堆积的牛棚一角，要更使人感受到过往的人们对质朴、庄严生活的热爱。

这便是我在前不久沿着温德拉什两岸苍翠的峡谷漫步时看到的景象。温德拉什河就如它的名字所蕴含的那样，轻快而柔美，清澈的小池遍布四处，弯道急速流转，堰堤上泛起层层泡沫，旁边还有长长的水草摇曳着，水流经过平坦的草地，从贫瘠的山腰缓缓淌过。

举目远望，可以看到田野那边一片宽敞的草坪上坐落着一座很小的钟塔教堂，有一条小道可以通向那里。走近后发现一座体积不大却有着悠久历史的圣坛，石工技术看上去很是粗糙；还有一个小型的信众席以一个有趣的角度被钉着，那是都铎时期的产物。一座温馨的圣堂位于教堂的里面，乔治王时期的长凳，有着悠久历史的笔画早已斑驳不堪，还有一个詹姆士一世的讲坛和用两根粗糙的橡木组成的罂粟色装饰，看上去风韵犹存。当得知圣坛是由罗马马赛克拼贴而成，紧紧贴住墙壁的外缘，连那些墙壁也都是一些古罗马庄园的残留品，而后世人在它被遗弃后将其改造成为最简朴的诺曼式教堂时，顿时有了一种身临其境的感觉，那段时空的场景以一幅全景画的模式全部呈现在眼前。毋庸置疑，这里肯定是罗马人过去居住的地方，并且历经数代人：这里也许不曾设防，这里居住的罗马家庭也是富足的，这些林立着的回廊与柱廊，浴室与礼堂，都证明了他们曾在这片殖民地上过着宁静的生活。这里的一切都笼罩在神秘之中！在罗马军团撤离之后，这样美丽的村庄就慢慢地坍塌在树丛与金雀花之间，最终成为一片废墟，直到如今才得以重见天日。紧接着，大英帝国逐渐崛起，基督信徒传播着他们的信仰，树丛中那片古老的废墟终于被重建成为一座小型教堂。但是建造者是谁，没人知道，这件事情应该也是发生在多少个世纪之前了。

继续向前，我们来到了一片牧场，一些奇形怪状的小池塘坐落在泥炭草地下面，一座小小的村落中，有教堂与山形墙的庄园坐落在里面。教堂中竖立着许多纪念碑、武士与骑士的雕塑，旁边穿着女装僵硬地躺着的是他们的妻子，脸上闪着红润的光泽，双手放在头上平静地望着教堂。还有一些黄铜雕塑放置在人行道上，紧接着则是更为浮华的纪念碑，小天使的雕塑仿佛在哭泣一般；还有很多像是在浮动的多音节字母刻印在碑上，没人会去关注记载的内容，不过人们总是理所当然地认为那种对于过往美德消逝而产生的感伤是天经地义的。

显然，这里一些著名家族的历史被掩盖了起来，其中一个叫作菲蒂普莱斯。回去之后，我仔细搜寻了一下关于这个家族的资料，于是一个很有意思的故事便显露出来。菲蒂普莱斯家族拥有悠久的历史，在继承与联姻下，逐渐发展成为财富与权势并存的家族。他们的土地曾经遍布十六个郡，其中一个家族的首领还与葡萄牙国的一位公主布拉干萨成了婚。不过，尽管这个家族的影响力极大，但他们却没有任何人成为政治家、法官、主教或者将军之类的职业。他们有着极其繁荣与壮大的记载，却没有任何公共服务的记录。俗话说盛极必衰，这个家族也渐渐走向了衰落。一开始消失的是男爵爵位，家族的姓氏只流传于母系，之后许多雄伟的建筑也消失在烈火之中。有许多丑陋的故事，专门讲述这个家族是怎样的愚蠢与固执，最终导致覆灭的经历。现在，我们在农场看到的那些建筑的外形与圆顶阁都已经被推倒，土地也被卖掉，整个家族留下的只有傲慢、自私与丑恶的回忆，还有无数被可耻糟蹋的金钱，白白浪费掉的机会。

在我眼里，这不过是一个关于大家族兴衰的老套故事，空洞却又有些伤感。虽然人们不想在这上面过多纠缠，却还是发出了强烈与危险的信号，那就是在人生中不要太过在意排场、财富、住房与名誉，这个世界的存在并不仅仅是为了满足个人的私欲。对于自己无法使用的东西，我们最好将之赠予，而不是随意浪费，不能一味想着索取与得到，要学会付出与施与，尽管大部分人对此的态度都是相反的。

偶尔，我会默默地想起那天：一片装饰着纹章盾牌的纪念碑高高堆积着，许多人站在碑前只是在寻找阴影的一面。积极的工作态度与深厚的情感就是存在于生活中的珍宝，那是令人感到愉悦与提神的简单事情。然而，在经历这些事情时，许多人都会觉得枯燥无味，烦闷无比，只有一些愚蠢的欲望从心底泛起，真正的生活早已被人遗忘，如水流一般从身边悄悄溜走，想要追寻的只剩下那些无关紧要的名声以及肤浅的名望。

难道这真的就是一个陈旧的人生哲学吗？其实我也不清楚。我只敢这样说，我在历经了半个世纪的坎坷与有趣的人生后，才悟出了这些道理。这就像从沙土中提炼出金子，看着过往的自己在追逐虚无的渴望中浪费光阴，就像无视牧场中的雏菊一样，轻蔑地看着那些美妙、质朴以及振奋人心的东西。

这些僵硬的武士与高雅的女士被依次悬挂在拱门与刻有图案的壁龛上，面对他们我深深地体会到，人类要想拥有正确的心态去面对生活还需要很长一段时间。尽管菲蒂普莱斯家族拥有巨大的财富、威望以及令人称道的美德，却依旧在这里过着质朴的生活，也许他们更加喜欢有清新空气掠过的空旷山峦，更乐意看到花园里涌出的清泉，男孩女孩们都快乐地在这里慢慢长大了。不过，应该还有更为雄厚的东西存在着，与人分享的快乐，邻里互爱的模仿，对贫苦同胞的同情与帮助等。这些最近才开始展露的美德，人们根本感受不到它们萌芽的痕迹，这也是出于对逐渐壮大的民主力量的一种恐惧。所有这一切都生发在一种自然的状态下，才会有后来的大度给予与让步，不过，对于这点我不能完全相信。当然，要想证明还是有邪恶与丑陋的东西存在于那个安静村落的古老生活中，那么以下就是证据。就在一两天前，我看到一棵孤独的橡树立在离菲蒂普莱斯不到一里的地方，树从不远处有一条崎岖老旧的小道，可以穿过牧场到达那里。橡树庞大的树枝自躯干向外水平地生长蔓延着，在一根树枝上深深地刻着几个大写字母，旁边还有一个世纪之前的日期。原来这是一棵用来执行绞刑的树！大写字母代表着两个强盗的名字，他们就被处死在这里。我猜想他们的尸体一定在这棵树上悬挂了很长的时间，直到渐渐腐烂，在有风的时候，尸体还会不断拍打着树干，肯定是惨不忍睹的场景，而尸体腐烂时发出的气味同样也会令人战栗。那些围绕在这里的人们心中想必也是充满了恐惧。紧紧绑在树干上的绳索，套在强盗的脖子上时，剩下的只有绝望。官员、法警、骑着马的治安官，还有围观的群众都在旁边注视着。紧接着，绳索绷紧，被勒住脖子的强盗拼命挣扎着，大口喘气，怒睁着双眼，最终四肢也抽搐起来。当人们对曾经质朴、安静的生活有所幻想时，这些恐怖的景象也将难以磨灭。

阶梯上长满了绿色的杂草，古罗马的人行道依旧存在着，那棵孤独的橡树要怎样才能黏合起这些零散的景象呢？一个念头突然从脑海里闪过：评判时，别太苛刻；希望时，别太焦急；相信时，别太盲目；梦想时，别太单纯。要直面生活中的恐惧与冷酷，用更全面的目光去看待它。不过，心中宏大的目标还是不能忘记，用自己可贵的耐心与忍耐，闯出自己的人生天地。不会有任何虚度，也不会再有不置可否，这一切都在上天的灵魂与心智当中存在着。

第七章

论社交与八卦

一

　　将某个缺点坦诚地告诉朋友，究竟是一种特权还是惩罚呢？这真的很难回答。每个人都会多少有几个比较明显的缺点，尽管这些缺点有时只是脾气、礼仪和举止上的欠缺，或者是让人愤怒的小把戏、错误的处世方式以及讨厌的吝啬而已，说起来并不算严重。可是，它们却会导致人们之间的矛盾与摩擦。令人难以置信的是，背后的念头却是这样无害。例如，我认识的一位富人，他总是在为怎样才能不付车费与酒店费用而伤透了脑筋。我想这种行为的出现，也许是源自于一种习惯性吝啬。他可能认为别人不会有所察觉，或者评头论足。假如他认识到朋友对于他这种行为的不满，那么他也许会用尽所有办法去纠正。生活中有许多不经意之间的小习惯，都会让一旁的人感到反感，比如使用某牌的香水、身体没有清洗干净、到处乱扔牙签、无所顾忌地清嗓等。而在公共场合下，鲁莽、冒昧的话语、前后矛盾、吹毛求疵、在别人身上强加上自己的爱好等这些，都属于社交失礼的情况。当事者缺乏观察，是造成这些失礼的一部分原因，但还有一些则完全是由于个人的自私所导致的。当然，这些缺点本身似乎都不太严重，不过要是能将它们全部消灭掉的话，身边的人将会收获更大的喜悦。还有像势力、惹是生非、不守信用、窥探隐私、卖弄等，尽管对美德和荣耀没有太多影响，但在他人的眼里却是不够谨慎的，所以都是应该纠正的。

不过最大的问题是，假如当事者是你的朋友，你是否应该让他体会到这些事实。通常来说，因为这些缺陷都是从很小的行为逐渐演变而来的，所以大部分当事人对此都是一无所知的。如果再加上他不够敏感和缺乏观察力的性情，对于这些缺陷所带来的巨大负面影响，他就更加难以察觉了。

为了说明这种情况的发生，请允许我再举一个简单的例子。我认识的一个朋友，总是喜欢打呼噜和发出怪声音，连他说话的时候也会有这种声音出现，导致旁人瞬间陷入沉默，很是荒唐，旁人对此也非常反感。为此，他的家人们进行了讨论，最后决定让一位近亲去提醒他，告知他这个事实。当事者从这个亲戚口中知道了这个事实后，一时之间恼羞成怒，不愿意承认，但最终还是保证会将这个习惯改正。他的确做到了这一点，不过坚持的时间很短，很快他就旧病复发，甚至更加严重了。而他却坚信自己已经将这个习惯彻底改正了。而他一直都没有原谅那位告知他缺点的近亲。

关于这个问题，我的朋友想到了一个应对的妙计。他觉得让朋友们知道自己的缺点是很迫切的一个任务，但又不能让他的朋友去做。所以，他认为要设立一个专门"说真话"的小型机构，聘请一些检查者对反映上来的材料进行搜集，当有足够的证据证明报告的内容属实之时，机构就会考虑对当事人进行反馈，不过这肯定需要一定的经费。"说真话"的检查者必须将自己的偏见与成见抛弃，若是可以，应当以一种公正、客观的心态与当事人进行交流，向当事人告知缺点。我的朋友坚信，相比起立法工作机构，这个机构更能给家庭带来和睦。

抛开玩笑成分不说，这个问题的确难以解决。运气好的话，也许会有一个直接的机会。若是这个朋友直接问了出来，那就很容易解决了。我有一位朋友曾经就很直接地向我寻求过解决之法，他问我该如何摆脱困境，因为他在某个死人场合说了一些不得体的话，弄僵了和别人的关系，他很坦诚地要我说问题是否出在他身上。我这位朋友的问题在于言语不得体，他习惯用一种极度夸张的形式去表达自己的意思，对于事物是非因果的评论也总是毫无节制。我很直接地告诉了他需要纠正的部分，对此他向我表示了感谢，经过这次事情后，我们的友谊更加坚固了，而他最后也将那些不好的习惯全部纠正了。

往往我们会在怒气冲天的时候得到一个诉说事实的机会，不管有没有理。某位著名法官有一个这样的习惯：他总是在玩完惠斯特桥牌游戏之后，批评另外的玩家。"如果你出了'王后'，那你肯定就赢了。你竟然没有这样出，把一手好牌都毁掉了，真叫人不敢相信！看，我们都输了！"而另一位玩家对玩牌其实不太擅长，性情也比较暴躁，等到法官激动地说完后，他对法官说："先生，你好像还在理所当然地以为，我们都在你那个令人作呕并且老土的治安法庭里！"

很明显，在此人的回答中充满了赤裸裸的愤怒，不过这种愤怒是否无礼却很难说。我不得不承认，这样的反驳方式真的很有效果。

不过，这已经踏进社交方面的范畴了。事情一旦涉及伦理，就会更加难办。有些人之所以令人反感，是因为他在别人心中留下了错误的印象，才会引起误解，受其影响，办事效率也有所降低。作为他的朋友，有时似乎也有义务提醒一下他。不过，有个事实我们不能忘记，那就是一定要把别人当人看。假如真的觉得有说出自己想法的必要，那就要做好别人不领情的准备，这是必须想到的一点。而最为糟糕的结果是，我们很有可能会失去这个朋友。

因此，对于那些敢于说出朋友缺点的人，我们应该给予尊敬和更深的情感。毕竟，人心都是肉长的，要在一个知道自己缺点的人面前保持轻松的状态，实在是一件不太容易的事情。

于是，现在设计到的最关键问题是，我们究竟该不该冒着失去友情的危险去帮助朋友提升道德层次。在《福音书》这一章节中，我们发现关于爱他人、急人所急这样的内容占据了很大的篇幅，但是关于给他人挑错、说教或者提升他人的内容却几乎没有。心灵纯洁者与维护和谐者都将得福，而责骂与斥责之人却难有福祉。在一片名叫《浪子回头》的寓言故事中，父亲是真正的故事主人公。尽管这个故事叫作浪子回头，但故事本身却令人惋惜。因为"浪子"并没有过于张扬的个性，坦诚地讲，他忏悔的话语令人可悲。可是，父亲并没有斥责儿子，他已经接受了足够多的惩罚，父亲不想再让他承担新的痛苦。父亲没有对儿子进行沉重的道德说教，也没有表达希望他能洗心革面的意思。斥责、质疑、规劝，一个都没有，他只是向早已心力交瘁的儿子敞开了自己的心门，让吟游诗人对他咏唱了一曲，让这个浪子的心有所慰藉。在整个故事中，"浪子"的哥哥是唯一一个表达出合理愤怒的人。对于这位毫无感德之心的、令人鄙夷的哥哥，父亲也没有表示出任何抱怨，只是希望他能摒弃心中阴暗的思想，让友善与快乐回到内心。

这个故事想要告诉世人的，无疑就是不管处于什么样的地位，都要自始至终地去爱别人，这样才能拥有胜利的人生。而这也是获得真正有价值的提升与改过自新的唯一途径。就像史蒂文森所说，人生阅历所交的学费是极其沉重的，但也是无法避免的！倘若人们不愿接受摩西或是先知的箴言，那么他们肯定也不会接受一位死而复生之人所说的话语。懊悔与遗憾不具备任何愈合心灵的力量，它们只是罪恶的阴影，只有奋不顾身的爱才能重塑人生，带来幸福与美感。就算驱散了所有的邪恶，留下的空白依旧毫无是处，只有将更为美好与强大的力量填充进去，才具意义。这可能不是清教徒的信条，不过这却是基督徒的信条——爱的脚步无法阻挡。冷若冰霜的自以为是，才是唯一让耶稣严厉谴责的东西。毫无疑问，相比起任何不以爱为基础的道德标准，不论这种标准看上去是多么的高尚，都不及毫无保留与奋不顾身的爱来得更加高远与具有神性。

凭借单纯的否定是无法实现任何事情的，然而，不放弃任何人，对每个人都充满希望或信念，最终都会转变成价值连城的浓浓爱意，最终赢取胜利，这是所有人都需要为之努力和奋斗的。在提升自我的同时，净化心灵，使其本意得以实现。

二

据一位知情人士说，维多利亚女王陛下最喜欢的，是那些亲密却又不带八卦色彩的谈话。在生活中，女王陛下通过拥有的直觉将两者区分，再进行正确的选择。真正能做到这点的人，往往都是能将健全的心智与正常的知识完美结合在一起的人。对于怎样在谈话中区分八卦，并没有明确的界限。这是一个听谁说和对谁说的问题，而不仅仅只是不听到什么与说了什么的简单问题。自以为比他人道德高尚地制定一个规定我们不能去谈论别人的总体原则，实在太过荒唐。如果人类对彼此之间的行为与话语失去了兴趣，那么关于他们要说的话语就很难定夺。认为每个人不该在背后讨论朋友或是说一些不敢在人前说的话，而给出的理由却是：不管真相是怎样的，都应该让他们知道。这同样是一个毫无道理的说法。这个问题有个最大的难处，就是任何人都会做或说一些不应该的事情，或者是让自己感到羞愧的事情，这些事情被他人知晓后往往会对当事者形成不好的印象。还有一个问题也很实在，许多事情可以大方说，而有些事情却不该再三重复，因为还存在着一些总喜欢说漏嘴的听众。虽然他们没有一定要讲出来的想法，但任何人都喜欢讲述一些令人吃惊或震惊的事情，因此他们在听到一些私密事情之后，总是会忘记这是不能散播出去的，然后很自然地就将这些事情告诉了别人。我们现在过着的生活是可以全民共享的社会化生活，任何人都有讨论的权利。而我们往往都会选择与一些密友共同分享自己的私事部分。可是，要说我们没有公布某些私密的权利，我认为是错误的。有一些在别人的眼中有很好的印象，但在朋友眼中却很是糟糕。如果朋友们不试着将这种印象改变或提升，那他们之间存在的友谊就没有任何意义。有一些名人说过，假如大家都只谈论他人好的一面，这不但无趣，而且有些虚伪。假如我们在资历浅薄的人身上发现了不少缺点，那么我们有责任去给他一些劝告。此外，人无完人，我们每个人都有自己的缺点，就算不严重，也还是会被朋友或者对立方当成茶余饭后的谈资。也许，不管是无心还是有意，只要说的都是事实，那么被谈论者的形象就要比他们显得更加可恶和荒谬。如果有人认为人们在谈论一位因为虚荣或粗鲁而臭名远扬的人时不该列举出他虚荣或粗鲁的例子，那这将是一种不符人性的想法。如果这时有一个生性善良的人，为了避免在此纠缠，那么他会列举出一些能够说明这些特点又更为温和一面的例子。也许这种做法的动机是好的，或者说是某位好事者自认为动机是好的。可是，老天爷并不允许我们有这样的想法！我明白这些时有发生的事情只会给人们带来痛楚、猜疑和耻辱。

就我个人来说，只要他们所说的批评话语没有被我知道，那我就不会关心任何人在我背后所说的话。我对自己的缺点很清楚，也迫切地渴望改变，可是要是知道有人在背后对我的缺点评头论足，只会徒增羞辱。相反，要是对别人的想法毫不知情，并感受到对方宽容的眼光，反而能给我鼓励，让我做得更好。不过，世界上总会有一些性情阴暗之人的存在，这也怪不得他们。

造成这种结果的原因实在太多，欠佳的健康、沉闷的环境以及亲密的人际关系或正常社交活动的缺乏，等等。在这样的情况下，八卦毫无疑问会慢慢演变成一个充满恶意与腐化的过程。一天，我在一家酒店的凳子上休息，旁边有一个聚会，主角是三位年长的女士和她们的姐妹们。我想她们可能正在旅行途中，搜罗着各种话题。可是在那个特别的夜晚，她们却将一些关于朋友的琐碎八卦毫无保留地抖搂了出来，她们谈话的内容是充分地体现了人性的丑恶面。我看着她们，想起一位诗人的话："真希望这些不要在自己身上发生。"

其实说的这些，与原则和努力并没有太大关系，更多的还是直觉与风度的问题。一位和善与宽容的人在叙事中可能没有带着任何冒犯语气，然而在一个心怀恶意的人眼里，却就像下了一场暴风雨。总的来说，八卦无非就是自己对他人产生兴趣后的一个自然过程。我们应该庆幸还能对彼此产生兴趣，哪怕有时要面对一些严厉的批评。有一句不错的格言可以将这个议题做个总结，请允许我在本章即将结束的时候，引用这段话，尽管我不知道它出自哪里——

最善存于最坏之中，

最恶存于最好之中。

人非圣贤孰能无过？

泯然一笑恩怨全消。

比起马洛克所著的《新式共和国》中一个人物所说的那句漂亮的犬儒话

语，这段话的思想要更有力量一些，思想也宏大得多。为八卦丑闻正名，前者用了这样的理由：这种做法以最为神圣的真理为出发点，再以最具美感的想象建立而成。

第八章

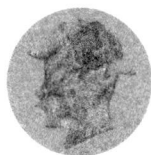

美的标准与观察事物

一

　　我最近的居所是一间古老的房子，从窗户望出去，可以看到曾经的梯田已经被一片青绿的草地滚球场所取代了。球场的一边是一条林荫大道，一排高高的苏格兰冷杉整齐地排列在路的两旁。夏夜，从西边吹来一阵凉爽的微风，吹得冷杉"轰轰"直响，就像大坝快要决堤一般。一天，我在拂晓时分醒了过来，周围一片漆黑，一阵不知从何而来的大风自夜里就开始刮起，如海浪般汹涌的风势，在烟囱与山形墙上疯狂地盘旋着。屋前的橡木大门不断发出"嘎吱"的声音，仿佛就要散架一般。时有时无的风在屋顶盘旋，好似一种怪异的低吟，不得不承认，这使人有了一种无家可归的感觉，就像一个旅人，不得不继续上路。再想到那些在家中安然入睡的人们，醒来之后的归属感，有人关爱，我就有种大哭的冲动。昨夜喧嚣的风声持续了整个夜晚，仿佛有着什么紧急的事情，要将一切横扫。萧索的林地与葱翠的审定是风最喜爱的地方，一路上它还将莎草的脊梁压弯，最终在深谷降落，使平静的湖水泛起一阵涟漪。这些都让我不禁感叹，原来风也是有生命力的，它就像一位魔法师，依照自己的意志在躲藏着无形中，体会着法力无边的快感。

　　曾经我在坎伯兰艾斯克代尔山谷一个名叫布特的小村庄度过了复活节的

假期。这座荒凉的村庄位于斯科菲峰与大海之间，就在这里，我开始对风的秘密有了了解。一天，我们向着北方出发，穿过一片空旷的荒野，到达瓦斯特湖。如影随形的风跟了我们一整路。到达顶峰之后，举目远望，看见远处一片苍茫的荒原与低矮的树木，还有一片沉寂的小山。风突然就停了下来。一瞬间，我们觉得连空气似乎都静止了一般。仔细感觉，只剩下从北面吹来的一阵十分轻柔的微风，且不是迎面而来。一些如褶皱一般的岩石在前方堆放着，突然，一种尖锐的声音从石堆间传了出来，那种声音是我从未听见过的。我和朋友们都为风的戛然而止而感到疑惑，却也没有想太多，便继续朝着山脊向上爬去。

最后，我们的双脚终于踩在了瓦斯特山最顶端的碎石堆上。满是沟痕的峭壁底下是一片湖水，倒映出黑乎乎的峭壁岩石。风从刚开始就向下吹去，我想也许是因为以下的原因：悬崖边的气流被抬高、鼓鼓的风从我们头顶呼啸而过，一股回旋的气流，在被风吹过后突然安静的地方形成，这就好似站在瀑布前看着直泻向下的水流一样。不过，奇怪是却是在后面。我们在悬崖边看到下面布满沟痕的岩壁，还有底下黑乎乎的湖水，在那里风以惊人的速度吹上来，叫人无法直面，无法抵挡。连我们手中的一些纸张都被吹到了半空中。

这一刻我真希望在读书时，教自然课的老师能将空气、光线、冷热原理等之间的关系讲述得更加透彻一些。可是这类课程往往都比较沉闷，我们通常只是利用圆柱中的水重量去进行流体静力试验，根本没有涉及日常生活。原来风产生的原因不过是因为气流在某处空气的转移之后便从四面涌入，填补气压，最终形成了风，这是我之前从未意识到的。风在我眼里就是一股难以阻挡的气流。并且北风与西风在拉丁文中的解释是最为靠谱的，尽管关于其他事物的解释也很有美感，但都带着一股迷幻与怪异的感觉。关于风，人们还会想起一些古老的景象，一张张如中年天使头颅般愤怒的圆脸。汹涌的海洋上，船只被犀利的风肆虐到一边，起伏不定。如今，我忍不住产生了这样的想法，这个地球上所有的事物，都是因为普照的阳光才感受到温暖的热量，浩瀚的海洋，宽广的陆地，还有春夏秋冬与雨雪风霜等天气现象，无一例外。人类应该进行反思，要将自己看作万物链条中的其中一环，而不是将自己视为万物之主。尽管与其他生物比起来，人类拥有着更为高级而又与众不同的生理结构，能从大自然得到更多，也能更好地与其抗争，可是人类不能因此产生错觉，认为我们才是这个世界的主宰者，再以一种莽撞而又高傲的姿态侵入地球的历史。我们要明白，人类能在这个地球上得以生存，是一件多么令人难以置信的奇迹。在我们的生存环境中，蕴含着无数巨大与神奇的能量，这些仿佛都在造物主的控制范围之外，可它却又掌控着世间万物。也许，这些想法都是错误的。因为，我们如果在关于人生前途此类重大问题上有所退缩，那么曾经所学的知识就将完全被颠覆。我觉得，大部分人不满与怯弱的根源，都是因为错误的思想，认为可以用牺牲其他换取自身的安逸。我们有让万物为自身的安逸与快乐服务的权利，并不只认为因为一场物竞天择的结果才有了自身的存在，最终只能以一种平和的方式来满足物质的需求。

窗外的松枝被大风吹得呼呼作响，我安然坐在屋内，眼睛望着膝头上的书，握着笔，思绪却已伴随摇曳的烛光飘到了很远的地方。乔治·麦克唐纳曾写过一个名叫《北风之背》的故事，十分有趣，它曾让我的内心都为之颤抖，现在，我也有好几年没有重温过这个故事了。记忆中的故事大致是这样的：在一间阁楼中住着一个小男孩，风总是在他睡觉时从阁楼上的一个洞里透进来，这让他很是烦恼。于是，小男孩试图用一块软木塞堵住那个洞，可是软木塞却在他回到床上时被吹了下来。一会儿之后，他的身边突然出现了有着一头银光闪闪长发的小仙女，极为漂亮。后来，小男孩每天晚上都在她的带领下，翻山越岭，自由自在，进行一场温暖的旅行。小仙女告诉小男孩，因为爱与关怀，世间的万物才会聚拢在一起。我想，这也是解读风之秘密的另一种渠道，具有它自己的价值，不过，得先将气压的因素抛开。毕竟，感受其中的惊喜与宏大，体会更多的善意与力量才是我们的重点，这已经远远超出了我们渺小与不安的生活范围之外。人们想从这些感觉中汲取到养分，而不想其被埋没。人在一方面要意识到自己只是这巨大谜团中极小的一部分，另一方面还要因为能够成为谜团的一部分而感到骄傲与喜悦。因此，我们在前进的途中不要沾沾自喜和愚不可及，认为自己已经懂得了全部，剩下的只是让自己过得更加舒适与安逸。恰恰相反，在如此深厚的谜团中，我们要成为谦虚的学习者，当中产生的美感已经超越了爱意与希望。我们现在懂得的不过只是沧海一粟，太过微不足道。世间万物都有属于自己的位置，从苍茫大地的一头到另外一头，甚至连空气中肉眼无法看见的原子都在不停地运动着，这就是其中的秘密所在。这都是无法毁灭的一切，而其中人类的精神则最为永恒。

这就是今晚风告诉我的话语。当它在山丘之间游离，履行着自己的职责之时，我愿意随风一起眷念宁静的村落与苍翠的山陵，掠过城市的屋顶，看一眼闪耀的灯光与腾腾升起的烟火，拂过荒芜与山野，最终回到大海的怀抱，躲进北部冰川中的原野，杳然无迹，无声无息。

二

一天，我与朋友两人漫步在一条山间小道上，从这里可以一直通向剑桥马丁林山丘。这个小山丘山势的起伏在许多村落中太过微不足道，可是在剑桥郡这边人们却难以忽视它的存在，仿佛有着一种一览众山小的气魄，很是夺目。穿越格顿的小树丛向着北方一直前进，伊利的塔楼若隐若现，看上去就像一辆巨大的火车头。跨过一片大沼泽地后，一片蓝绿交错的景象在秋日的雾气中浮现，气质高贵而优雅。相比起来，休耕地就显得有些黯淡了，脚下是一片宽广的牧场，缓缓地向外延伸，一排排榆树围绕在四周，还有一片小树林，树叶已经开始渐渐泛黄了。我们在林丛一端的小门前停了下来。朋友说："这里没有任何狂野与浪漫的气质，也没有什么特别的亮点，每一寸都曾被开垦耕种过，有着它简单的用处，可是就是这样一个朴素的地方却有着如此的美感，我在想究竟是什么原因让这里显得这样的美丽。我不禁想象，假如我必须在国外一个如佛罗伦萨这么美丽的地方，或者是某些热带的风景名胜生活，心里肯定会对以前待过的地方有所怀念，甚至会对那广阔的牧场与齐整的树林充满热切的渴望，体会到一股莫名的亲切感，使人快乐。"

我回应说："没错，我想我能够理解。这不就是对于家乡与平常熟悉事物的怀念吗？居住在小村庄的居民们，他们的话你都能听明白，甚至连天上的飞鸟、植物的形态与习性，你都略有所知。这是对壮丽以及宏伟事物的一种抵触情绪。难道在这其中没有存在任何关于以往快乐与感动的联想吗？很多事物与地方的美感，都是由我们过去的愉悦心情所决定的，人们甚至可以在树林或城墙上获取快乐。我想自己那么喜欢榆树的原因，肯定是因为伊顿公学的运动场边也种着榆树！只要提到它，我就能想起古木参天的泰晤士河边，高耸簇拥着的树叶随着夏日的夜风轻轻拂动；抑或是透过教室的窗户看到窗外春日的早晨——这些日子就像丁尼生说的：

"我不会忘记，无忧无虑的时光；

没人会对我责备；

我们不能孤立自己，用最公允或平和的态度对待所有事物，不管我们如何努力，谁又会真的试着这样去做呢？"

"噢！那是自然，"朋友说，"记忆与曾经的快乐带来了至少一半的美感。可是，肯定还有超乎于此的原因所在。也许，这根本就不是一种美感，而是从远古遗留下来的某种向往——对繁荣与农活儿的向往，希望的田野，辽阔的牧场，用面包或牛腰肉的形状就能将其中一些展现出来。"

我回答道："我可认为不是这样，带有这种含义的想法使人觉得恐怖。来，让我们一起将这里的景色细心品味，看看是否能将隐藏的秘密找寻出来。"

于是，我们就如古罗马人所说过的那样，站立在门前，用双眼审视着一切。"这里真是色彩斑斓啊！"我感叹道，"首先就是那天空——没有任何大财团或地主能将它占为己有。天空的自由是来自于骨子里的，无拘无束；一丝金黄色的雾霭飘游在那股湛蓝之中，不带丝毫功利色彩。堆积成块的云层压在空中，看上去就像悬崖覆盖着白雪。虽然面对这些景致，我没有任何功利的想法，也没想过索取什么，可是这一切却又令人无比地兴奋与激动；田野间微小的曲线与围拢的田埂线有着它们独特的美感，虽然没有刻意的规划，却也并没有显得杂乱无章，给人一种浑然天成的感觉。如果这里只是一片空阔的原野，没有树的点缀，只有分割有序的田野，那吸引力就会大大减弱了。这些景致都有着自己的历史，有村落的地方就有水井与泉水；曲折的旁道意味着古代森林中的小径；而如今那条难以辨认、突然转角的小路，很有可能就是曾经倒下的一棵大树，让人难以搬动；以及那条笔直的罗马大道，全都充满了活力。"

"看！你又被想象给包围了。"朋友说，"我并不否认这些，那究竟有多少原始味道夹杂在这些画面里呢？我真没看出多少。"

我说："这里到处都有小峡谷，令人惊叹的灌木篱丛面积，榆树也在本不应该的地方扎根，一个边上溢满水的地洞，有芦苇长在里面，很久之前，人们在这里挖过沙砾。还有那些古老林地，现在已经毫无作用，只会让人感到愉悦与昏暗。我觉得，这些形态各异的树木就已经很有意思了。虽然生长在下面的黑杨木看上去有些笨拙，可是看看那些生长在农庄四周，被削减过后的粗糙榆树，还有院子里那棵巨大的美国梧桐，都足以证明这些事物不仅仅只是因为功利才存在着的，因为这里有着充分的自由。不过，你所说的我依然认可，因为这的确无法进行确认。对于缤纷色彩带来的快乐，我们不能视而不见。不论它以怎样的形式展现出来，我们英国人对于色彩都会更加关注。"

"我想你是对的。"朋友说:"一天,一位年轻的外交官告诉了我一件很有意思的事情。他说,他在日本拜访了一位身材矮小的农民,此人生活非常贫穷。有一块很大的燧石摆放在农民房间的中央,他非常不理解当中的含义,于是忍不住问农民:'这个石头是做什么用的呢?它为什么会被放在这里?这肯定有某些特殊的原因吧?'农民回答:'当然,你也发现这块石头很美丽了吧?'外交官这才注意到在房外的花园中有一座小假山,这块石头和假山上的石头很是相似。他继续说:'看起来,这和花园外的石头有些类似。'农民说:'噢!不是的!那些都是些普通的石头!尽管它们都有自己的用处,有的还挺好看,但都不如房中的这块。'他叫这位朋友来到石头边,继续说道:'来,我们仔细观察一下这些石头。'接着,他就开始解释那块石头是如何的精美与气质独特。可是,对于农民所说的,这位朋友却是一头雾水,感觉就好像自己缺乏某种常识一般。农民接着说:'这块石头很有名,为了看它一眼,许多人从大老远的地方赶过来,还有人曾出高价想要买下它,可是因为它太可爱了,我根本舍不得。每次我注视着它,就会被它的美丽所吸引,陶醉其中,连疲劳都全部消失无踪。'"

我说:"这的确是一个不错的故事。我也曾听两位日本的工人说,他们会在家里种些鲜花,用以在空闲时欣赏,借此醒神;而英国人为了让自己焕发精神,则会去喝上几杯啤酒。"

朋友说:"我想,那些劳作者们也许根本体会不到其中的美感。他们可能仅仅是因为这片地方是自己所熟悉的,才会不自觉地喜欢上这些景致。可是,在这里,我已经看到过这些山丘,有一线长长的树林立在山顶,废弃的磨坊显得有些阴暗与严肃,这一切都被黄昏的天空看在眼里,万物仿佛都在开始蜕变,就在某种难以分析与解释的过程中。当然,这些再平常不过的场景，倘若能在花开花败间将这份宁静与质朴维系下来——比如那座铁质的波浪形牲口棚，以及那一幢幢亲切的村舍——让它们不要受到现代社会中某些所谓高明的发明所侵扰，保持住这种神秘而又安静的美感，就好像从古老的清泉流淌出来一般。也只有'漠漠旷野，寂寂苍穹'才能最真切地形容这种恬淡的美感了，人类的任何思绪它都能够容纳，我认为，正是因为这不是一种特定形式的可爱，所以才会获得所有神秘与深度的真正象征。"

"没错，我认为你说得很有道理。"我回答说，"有些人老在抱怨乡村景色的沉闷，并且总是将情感或浪漫气息在风景中过分地渲染，对于他们看到的美感，我是不敢认同的。在瑞士的峡谷中生长的满眼的雪峰与茂密的松林，在那里可以看到一列列整齐的榆树，以及山形墙的农舍，这一切都让人心里产生出无限渴望。倘若人们对这些毫无修饰的景致抱有喜爱之情，那么，当他们面对英国那些更为美丽的湖泊之时，岂不是更加陶醉其中，难以清醒？不过，那些山川的形状与褶皱的山脊，恬淡、宁静的田园与绿色的山谷完美地结合在一起，这些才是其中一半美感的来源。行走在平坦的牧场上，汩汩而流的清泉，被树林笼罩着的圆丘，一直蔓延到峻峭的峡谷，溪水缓缓流淌着，发出清脆的'叮咚'声，一滴滴滑落在灌木丛中，石头城墙沿着牧场突然陷了下去，簇拥着的村落古色古香，自四周有趣地支撑着，一直拥抱到辽阔的原野与苍翠的山腰。我想，这些才是山中漫步的乐趣所在吧。随后，我们蓦地回转，自陡峭的漆黑山头向下，一直降至风呼啸而过的山谷，树丛再次出现在视线中，我们又融入了人群温暖的怀抱，那古老世界的往昔仿佛都被自己由身到心进行了一次过滤，人们曾经那如诗般的生活，这一切都无须记录下来。"

"可我还是有些遗憾，"朋友继续说，"若是他们可以记录下来，那是多么美好的一件事啊！我总是会想到老去的华兹华斯，想到他充满乡野的气息和壮硕的大腿，他从容而率直的脸，看到他热爱的土地，一股神圣的感觉便从心中燃起，正是这片土地带给了他情感，让他有所依靠。我们英国人能够理解并表达的只有土地与人类存在的这两种美感，仅此而已。"

我们在此时，已经离来时的路很远了，可我们还是又一次再山脊上停了下来，看着逐渐被轻柔的雾气逐渐弥漫，将低矮的田野笼罩，连天空都弥漫着一片绿色，橙黄色的光在地平线上燃烧着，剑桥的塔楼与尖顶在更远的雾气中展露着自己若隐若现的脸庞，一阵微风吹来，烟气向着北方飘去，寂静的空气中，只有夜鸟偶尔在树上发出尖锐的声音，还有马蹄蹬步的声响有节奏地传来，时而高亢，时而深沉，带着我们在夜幕下的田野与山峦之间飞驰，沿着归途，重新回到温暖的壁炉边。

三

　　诗歌创作属于私密类型的范围。无论是热心读者的追捧、评论家的肯定以及人们给作者带上的高帽，都无法让那些读者与追随者们，体会到究竟什么才是给诗人带来静思的快乐与希望。假如诗人是一个牧羊人，那么他自始至终都将无法见到咩咩直叫的羊群。而丁尼生则深深地领悟到自己的责任所在，他认为应该有一种高尚的目的存在于自己的作品中，能够帮助人类澄清视野，培养他们更为高尚与纯洁的希望。因此，他必须花大量的时间进行反思，自己的作品是否真的存在价值！他一直试图让自己的作品展现出一种再生力量，可却始终无法做到。这就像罗斯金为自己的失败而感到沮丧一般，他认为人们喜爱的是他华丽的诗句，但对于其中所表达的比如怎样促进人类改良等方面的内涵，却兴趣缺乏。因此，在丁尼生晚年的作品中，就体现出一点，觉得人心不古，人们只顾着贪图安逸、畅所欲为、品位低下。当时他的内心，肯定被痛苦与遗憾所占据着，认为自己只是创作了一些言语上的旋律与曲调，让人大饱耳福，却无法触动他们的心灵。

　　有一个希腊传说流传甚广，讲的是一些历经重重磨难后的斯巴达公民，想到雅典自荐首领的故事。雅典人非常反感，于是便将他们带到了老师提尔泰奥斯那里，这位老师性格非常温和。要是这群斯巴达人有着充分的智慧，就不会抗议那些让自己反感的建议。后来他们发现，那位令人不屑的老师原来是一位伟大的爱国诗人，士兵们在他所创作的军事赞歌与战争歌曲的鼓舞下，振奋向前，无往不利。关于这个故事，世人都怀疑它的作者是一位文人，而不是出自某位将领的真心话！因为，在流传下来的提尔泰奥斯的诗篇中，令人振奋与激动的内容几乎没有。不过这个故事却有着真实的本意，那就是一首抒情赞歌的主题终究离不开充满活力与爱国的人生。倘若一个国家失去了想象力与追求，那么就有可能活在低级趣味中，只想着如何让自己过得舒适，赚取财富，却忘记了去催生更多的希望，丰富这个世界。

所以，诗人既不能指望得到物质回报，也不能奢求得到如战功显赫的将军般那样的认可，只有安心创作美妙与高尚的诗篇才是其最大的职责。不过，像《快乐的武士》这首诗歌，在历经数个时代之后，从战争的角度来说依旧能给人带来无比的震撼，为国家增加了一层浪漫气息，即便是在这个商业的年代，依然有其存在的价值。哪怕丁尼生与布莱德利都会认为，在这个安定的国家中，百姓们总是会阅读维吉尔的作品，并将其当成了自己日常生活中的职责之一。至少，这将美感的巨大活力与崇高思想的神奇之处充分体现了出来。如果还要求拿出什么证据，那就说明人终究还是得尊崇上天的旨意，而不仅仅只是为了面包而活着。我们在对于德国传播过来的影响越来越惧怕的时代，假如非说有什么危险，那就是德国人对于商业发展并没有太过重视，而是将浪漫与激情都放到了诗歌、音乐等艺术方面上了。这体现了他们极具想象与冒险力的精神，使日耳曼民族更加具有爱国热情也野心，而不仅仅只是造就这一点的原因。一个民族之所以变得可怕，并不是因为他们的商业与贸易上的习惯，而是对胜利的追求与超卓的梦想。

在抒情诗《阿塔兰塔在卡吕冬》中，斯温伯恩谈到了夜莺，这也是他最著名的一篇抒情诗。在诗中，他讲述了夜莺是怎样"用火一样的热情温暖着午夜的心灵"。这才是诗人们应该具备与希望得到的。一位严谨的政治经济学家认为，倘若夜莺真的具备这个时代所注重的学识，那就可能真的相信自己的愚蠢。荒谬的是，它竟然将那么多的精力无谓地浪费在深夜里，唱出悦耳的歌声，可若想听到与它们类似的声音，用一个廉价的口哨就能做到。但是，如果一个人或者国家在这种追求物质的心态中沉迷下去，那灾难也离他们不远了。倘若只是享受一段时期的安逸与舒适，也许会获得极为优良的成果，能在傍晚时分去享受一顿天经地义的晚餐。可是这种精神并不能维持一个国家的强大，国民不惧危险与困难，对一些卓越、创新以及勇敢的事情充满热忱，这才是一个民族充满希望的象征所在。因为，有多种因素都包含在这个有趣的过程中。如果一个教师或诗人能将人们的这种精神激发出来，那么他们就算做到极致了。如果同时他们能向世人表示，我们最好能以一种骑士的精神与柔和的内心去做，充分享受这个过程，那就更佳了。而在这样喧哗的过程中以牺牲弱小者，从而满足自己的利益或得到利己的乐趣，那是完全错误的。存在于这个时代中的异禀思想，就象征着希望，因为这代表着一种情绪的高涨与漫延。不去压制或消灭这种情绪，而是将其引入到征途当中，便是我们需要去做的。

在丁尼生最受欢迎的作品中所宣扬的一种骑士般的精神与理想，是其最具价值的地方，不论面对多重的挫折与崎岖的道路，他们总能保持一种无私大度以及怜惜的精神。我认为，这代表着我们国民的性情正在逐步发生转变，时代精神慢慢脱离了诗歌精神，伟大的诗人似乎已经逝去，公众的阅读口味离诗歌也越来越远。不过，我却认为，一些浪漫小说渐渐填补了这个时代中极具想象力的性情。这些小说犹如浪潮一般涌入出版界，这并不是道德沦丧与心灵颓废的象征，而是见证了一种清新与单纯的精神，一种渴望倾听别人故事的欲望，一种沉浸在他人生活与刺激的冒险中的希冀。这恰恰说明了我们依旧是一个充满热忱与活力的民族。假如用政治经济学手册或银行记账本来取代了民众对于小说的热情，至少这个转变是不值得人欣慰的。

当然，我也希望国民能有一种更为认真与合乎常理的生活态度，但我不愿看到他们被沉闷与过分拘礼的生活所束缚。从各方面看来，现在我们所处的这个时代流传着一种冒险精神，这与伊丽莎白时代极其类似。而每天为了微薄的薪水工作 12 个小时，没有任何休闲活动，这绝不是我愿意见到的国民生活。当然，也会有着不好的一面在这个时代中，可是，一个国家被一种难以遏制的高涨情绪所充斥；要远比拥有一群只会埋头苦干、满脸漠然的人更有希望。而就诗歌最为美妙与广义的意义来说，将这种热忱、无私与大度的性情永远保持，使一个国家的国民不像奴隶般任人摆布，而是维系着君主气质，才是其具有的最大功用与价值。

四

一天，我在与一位朋友聊天时说，最有出息的人一般都从事着让自己感到乐趣的职业。可对于这个看法，朋友并不认同，说这种人生观是极为朴素和肤浅的，这将无法使人看到伟大的目标、辛勤的努力以及付出的精神。不过我还是坚持着自己的观点。我并不是说只有这种人生才是最完美或最具英雄气质的，但从总体上看，这样却能将自身的才华发挥至极致。我接着补充道，实际上在现实中他对我们的观点是赞同的，只是他对"乐趣"这个词可能有着不同的观点。我所说的这些人，因为他们喜欢自己的工作理念与细节，所以在工作中充满了热情，内心洋溢着快乐。有这种工作精神的人往往会对同事或下属树立一个很好的榜样，在工作中注入了整个热情与喜爱，使人攻无不克、无坚不摧，用一颗勇敢愉悦的心去面对困难与障碍，这已然将未知恐惧的力量生生削弱了一半。

因为这些人，我想起了一段经常暗示但却从未向朋友推荐过的愉快段落："在主面前，大卫旁若无人地跳着舞。"对于大卫老是急着跳舞的样子，米甲很是厌恶，不过，米甲当然属于非常安分守己的那种人，总是将事情的合理性放在第一位，显然，大卫是对的。这种性情在我眼中，与努力和无私并没有多大的区别。对于这种性情我最喜欢的一点，就是在阴暗生活中它并没有失去阳光。过分的认真总是会让人在沉重而庄严的情感之中沉溺，对庄严感我非常重视，但这应该是出现频率极低的一种情感，出现时应该会给人极其深刻的印象，因此估计只有在重要场合或时刻才会有所表现。

刻意声称人生是场游戏是没有意义的。倘若一个人能始终带着笑意，坦然地面对工作，就能品味到周围环境中少量的"美酒"，提醒自己浮躁并不是所有时候都是适合的。虽然是这样，可我想，还是有许多有趣与震撼的东西充斥在人生之中，对此人们应该从心底去享受。在这大千世界中，人们的话语、观点以及行事方式都是极为有趣的。事先就知道自己要走的道路，知道自己将会遇到哪些熟悉或无所谓的注意事宜，或者自己会面对毫无价值的阶段与话语，都会使人觉得很有意思。这就像内心知道在某个点数钟声必定会敲响一样，感到极为满足。而我们不知道别人要说的话语，要做的事情，和我们不一样的观点，这些则都是令人期待的。对其理解并享受，便是幽默的本质。而不断地认识到这些，并体会当中的乐趣，能使人永远维系乐观的心灵。

不过，从另一个方面来说，倘若一个人在工作时抱着一种正直且高傲的态度，将发现别人的错误与帮助他人提高进步当作自己的职责，那么，这份工作往往都是极其沉闷与无趣的！

我想，就像我们总和反对自己的人共事一般，没有什么能比这种心态更加阻碍人的进步，使人感到矫情与压抑了；我并不提倡在面对事情时抱着一种犬儒或轻率的态度，而在交谈时可以不拘小节与适当地沉默，我更没有表示赞同；但我更不是在说，不管面对什么都要保持笑话的心态。在这个世界上，对任何事情都时刻不停地纠缠，是最令人神经紧张或沮丧的行为。那种轻轻触动的感觉才是我所注重的，就像蜻蜓点水，阳光与微风，一种有弹性的情绪，不断在开心、有趣与认真间转变，张弛有度，永葆怜惜之心。这是一种杰出的魅力，并不是每个人都能做到的。可即便如此，每个人都还是应该下定决心，不管有什么事情发生，都不能将别人的思想倾向摧毁或是打断，也不能用自身专注的事情叨扰别人，或是在每次谈话中都表露出自己的焦虑。

我认为，在和别人交谈时不能一味提起自己的工作，一般来说，在工作中抱着轻松与愉悦心态的人通常都不会这样去做。他们对自己的工作非常享受，每当工作完成后，虽然疲惫，但心情却是极佳的，对其他的事情也很有兴趣。我总是会想起前面说到过的那只可爱的柯利牧羊犬罗迪，直到现在我依旧忘不了它，罗迪就是面对生活的最好的标榜。午后散步在平常人眼中并不是什么重要的事情。但罗迪在奔跑时总会愉悦地吠叫几声，再旋转着身子跳跃一下。当遇到路口时，它不知道如何选择，总是亢奋地张望着，而当主人选定了方向继续前进时，它都会发出另一种叫声，好像在告诉主人："看！就是这边！这也是我的选择！"它很会自寻乐趣，在灌木篱丛中穿梭，透过大门向里偷看着。不管在哪里，它都能找到让自己兴奋的东西。当结束散步回到家门口时，它又会欢快地叫着，仿佛在说："太棒了！我们终于到家了！主人，你真是这个世界上最聪明的向导。"很快它就会到自己的专属角落——牌桌底下，舒服地睡上一觉。

我们当然不能奢望人类能拥有狗那样的圆滑与怜悯。尽管我们聪明或重要，但这已经超出了我们的能力范围。可我们能够通过实践，甚至借助对其的赞扬与渴望，将这种轻松愉悦的心态慢慢学会。

不过，我那位严肃的朋友却并不如此认为。他很直白地说，不管是什么人，都应该为别人而活着。这是当然，我们的确如此！有谁只是为自己而活的呢？可是，我们没必要整日都沉浸在沉闷与自我意识中，有人之所以那样做，是因为打心眼里喜欢，是因为对别人感兴趣。至少，凭我的经验来看，这比起那些从严格的责任感出发，再喟然太息的人，肯定更有效率。我并不否定这是一种崇高的沉默与自我奉献精神——人们当然能这样做。可当我想起我的父亲、莱特福特主教、威斯科特主教等这些从事教职工作的人，他们从事这些工作的原因是因为他们真心热爱自己的工作，对工作充满了巨大的热忱。这份工作在他们眼中，是世界上最有意思与快乐的事情。因此，在他们的工作圆满完成时，就能获得一种单纯而简单的乐趣。此外，我还想起了那些备受忧郁与烦忧困扰的人，比如查尔斯·金斯利、主教威尔金森等，他们总是会在作品中描述自己宁静的田园生活。他们从事这些工作是因为对他人所面临的问题很有兴趣，希望能将自己感受到的平和乐趣与他人一同分享，而并非出于某种责任。是以，我们又回到了最初所说的，即对他人造成深刻影响的人，对世界最有用的人，他们的出发点都是对内心强大直觉的顺从，而并非某个理论或者堂而皇之的理由，他们自工作中体会到自身的力量、能力与乐趣，这从最为美妙与真实的价值来讲，就是无与伦比的快乐。

不过，有些人虽然并不乐意对某项工作进行承担，却还是圆满地完成了任务，这是很了不起的。就像阿兰·布雷克对大卫·巴尔福尔所说的："做自己不愿做之事，则能成就最美好之人。"但阿兰却完全沉溺于精神世界中。他热爱冒险，这可以激发他的兴奋感，开拓他的创造力。我认为真正的呐喊，是人们不应让自己陷入沉闷的生活。因为沉闷，让很多事情都失去了乐趣，让年轻的冒险者们愁眉苦脸，灰心丧气。我们不能一直要求自己的原始精神处于振奋状态，也不能用一些乏味的笑话来哄骗他人。可是，我们可以对别人的思想与感受进行了解，即便不能亲自表演，也要将掌声献给表演者；即便不能放声大笑，也要记得微笑。

　　我有一位很有趣的朋友在剑桥大学，尽管已经须发皆白，但他依旧保持着高昂的生活兴趣。前不久，在他学校的礼堂中，我坐在他旁边提出了一个将要讨论的话题。他说："啊！这个话题十分有趣，我来说下自己的看法！"于是，他开始阐述自己的想法。突然，他又大声叫了起来："噢！这个想法很切题啊！太棒了！我要把它记录下来！"接着，他掏出一支笔、一张纸片，不停地记录着自己所说的话。最后，他微笑着说："哈！我想我说得太多了。我老是这样，不过我只需要将这张纸片带走，"边说，他边将纸片放入口袋中，"我肯定地说，很快这些想法就会被证明是很有见解的。你也明白，对于大部分事物，我都是极有兴趣的。"

五

在你辨别、选择、崇拜良好品质的力量的同时，会发现邪恶、丑陋、仇恨、低劣的品质确实拥有强大的力量，可这并不意味着它可以打败宁静、幸福的力量。这种力量所能带给这个世界的，正是让我们的生活变得更好，赋予生活和谐、富足的色彩，而同时引导并帮助世界脱离混乱、黑暗与争斗。自此，生活走向光明和宁静的方向。

我曾经在报纸上看到过这样的一幅小图片，它是一张来自前线的快照，看过照片后我甚至产生了一种奇特的感觉。这张照片是在德国边境线上的一座小村庄拍摄的。照片上的是一个大约十七八岁的年轻男孩子怀抱着风琴站在那里，他模样英俊，一副很正直的样子。却是被带到一个肥胖的中年军官面前受审，这个人是德国战时后备军的军官。军官头戴钢盔，手握剑柄，手拿着望远镜站在高处。以一副气势汹汹，蛮横不讲理的样子朝下看向年轻人。而同时，一位满面微笑的军官则站在中年军官的身旁。这样的气势让年轻人非常紧张、害怕，他眼睛瞪得很大，望着眼前这位可怕的军官。他身旁站着一位农民，看上去似乎很不安。在报纸上我并没有看到关于事件的介绍，但我依旧希望这个军官能够放过这个年轻人。在我看来，那位军官的模样展现出了人类最丑陋、愚蠢的侵略行径与暴行。而同时，年轻人却向我们传达了优雅、动人、无辜的讯息。一切看上去象征美好的精神迷失在其自身的梦境当中，当这种精神不小心误入歧途，堕入地狱的陷阱，极有可能会受到非常严厉的拷问。在这个世界上，战争狂人们正在不断摧毁其他爱好和平美好的人们的生活。

显然，在那场遭遇当中军官占了上风，他也非常享受自己盛气凌人的气势，可年轻人却并不如此，他脸上流露出无辜的表情，就好像拥有明亮双瞳的动物落入陷阱一般，并不清楚即将落到自己身上的厄运会是什么。

几乎每天我们都能在世界各地看到这样的事。人类的本能是如此的不同，每天我们都能在生活中看到残暴、受过训练的武装力量与热爱和平的人们之间的冲突。固然后者并不能拿出任何存在的理由，但我一直坚信人民终究会走到胜利的尽头。

我们有各种理由相信，通过广播进行教育的方式在之前的 20 年岁月里仅仅对人的观点产生了一定程度的影响，但对人的品德却并没有作用。虽然我们现在还没有科学的评估来证明这一点。在我们周围长着庄稼，可我们却并不知道它是什么。我决定根据社会的某一个特定阶层来谈论众多结果其中一个结果，事实上，我已然通过某种确定的方式意识到了这一点。概括说来，依据那些确凿的证据我们能很容易地去谈论趋势和倾向。

我所要谈论的这个社会群体可以被我们大致称为中产阶级家庭，他们日常生活并没有太大的压力，也有足够的休闲时间，无须依靠工资过活。对于生活前景他们拥有着强大的安全感和不同于社会底层的财富，并且还有专业性的职业背景。同时，他们还有着自己独特的休闲方式，例如读书、交谈、社交活动，以及探讨、研究某种思想观念等，并从中得到满足感。这并非一种强烈的对知识和智力的兴趣，但其终极目标是要实现一种非常明确的理想化的生活，让生活变得和谐且多姿多彩。同时，他们还会通过对生活做出推测而让生活摆脱直接且实际需要的层面，尝试各种事物。另外，这样的家庭还有着自己明确的可见的生活方式和目标，也即是说实现拓展并装饰自己的生活，并让生活丰富化的目的。

我毫不怀疑，中产阶级这种对于理想化生活的追求的欲望在不断地膨胀。鉴于过去宗教在很大程度上将诗歌、灵感提供给同样的家庭，现在的人们依然期待一种更加明确的艺术类型，而这也正是意义所在。简而言之，单就意义这一点看来，当经济基础得到一定程度的保障之后，会有越来越多的人倾向于去追求美好的事物。而在我看来，这种本能并非是与宗教背道而驰的，相反还是一种推动力，不仅推动人类在严格意义上了解公正这一概念，同时还促进人们广泛关注生活质量问题。其中，包括生活的乐趣、品位、品质和丰富程度等。

我经常能从别人那里听到关于艺术讨论的话题，人们错误地将艺术看作是一种轻松且并不适用的娱乐项目，并且还似乎认为艺术正是宗教和爱国主义精神，对于它们而言艺术就像是一把锋利的宝剑。另外，它们还觉得艺术在生活中普遍存在，并且将生活分割开来，让人们的生活被分割、分离，并且将误解带到男女之间。在我看来，这样的话非常让人难过。实际上，艺术并非这样的，它意味着一种气质、方法、观点和生存方式，一些有才艺的人坚信艺术的作用，他们探讨艺术，实践艺术，却并不理解艺术的含义。而有的人甚至对被称之为艺术的东西并不清楚，可却做或者想着很多富含艺术性的事。还未获得艺术天性的人完全没有能力和那些天生被赋予艺术性的人谈论一些话题，而后者却能很快从人群中辨别出其他具有艺术天性的人。可这也并没有让他们学会向那些不懂艺术的人解释艺术含义的方法。

在本章中，我试图解释我所认为的艺术，其原因并非是我希望用浅显的道理向不懂艺术的人们传达艺术的概念，对于他们而言，我的解释不过是一种天方夜谭而已。但我所要说的是，有的人似乎在做无稽之谈，可实际上他们却能够互相理解并相互欣赏。无论任何时候，在这个世界上你都能遇上这样的人，或许你想当然地认为他们存在于某种隐藏的神秘气氛当中。你不能理解的话，是因为你从未看到或者听到他们所蕴含的某些东西，这些东西对于那些能够将其描述出来的人而言，却又是简单易懂的。当你大声呵责你所不明白的事时，你坚信这必然不可能是真的，根本没有比这个更蠢的行为了。一个人所有经历之中所值得拥有的信念，就好像某种表明这个人属性方面地位高低的标志一样。

然而，我所期望的却是自己能够向那些对艺术懵懂无知的人做出简洁的介绍，让他们能够更好地产生对于艺术的领悟。可是，因为艺术本身是一个巨大的议题，哪怕你仅仅是粗浅的认识也会对你人生产生无可限量的影响，并能为你带来幸福。有的人拥有明确的观点和目的，其所散发出的幸福感必定能得到人们的认可。或许这样的人总能为人们带来快乐，可你没必要去怀疑他们本身的快乐。当你们相遇或者分手的时候，就不可能想到他们或许偶尔会陷入沉闷或者失落的状态当中，而是舒适地回到了自己的计划当中去。据我们所知的，不论我们在任何时候与他们相遇，总是能产生那种一半羡慕一半忌妒的状态。因为他们拥有自己明确的想法与目标，从不会产生想要引起他人关注或者向他人谄媚的想法，哪怕身受病痛所折磨也依旧忙于自己所感兴趣的事物。正是这样，导致了我们的羡慕与忌妒。

假如我们想要保持愉快的心情，我们应该坚持且坚定不移地不放弃自己的目标和观点。我倾向于说服那些还未意识到这一点的人，要是他们愿意，我就完全能够这样去做，并且一定会感到非常快乐。从我所描述的艺术的角度看来，其最好的一点就是无须任何特殊的经验，也不需要任何昂贵的耗材，它适合生活中的每个方面，并且最终能为我们带来舒适平静的生活方式，并轻易营造出鼓舞人心的特别的气氛。

这样说来，艺术作为一种观点和看法，并不等于与诗歌、美术或者音乐相关的一些东西，这不过是艺术在某个范畴内的表现形式而已。简而言之，艺术存在于任何对于其品质的比较当中。假如这看上去像难懂的公式，正是因为我们脑中的公式是沉闷的。可是我所要说的能力指的正是可以密切观察一定范围内发生或者存在的事物，就像天空、大地、森林、田野、街道、房屋、各种各样的人一样。另外，这种能力不仅能够观察到人们的相貌，还能看到人们说话、行动、思考的细节。接下来我们还可以进一步观察更为细微的东西，譬如说动物、花草、颜色、日常用品、家具、工具以及生活中常见的任何东西等。

如此说来，每一件这样的东西都有着自己独特的适宜性或者不适宜性，成比例或者不成比例这样的特性。我可以对此随便举几个例子，譬如说铁锹。对于注重实用性的人就一直当它是铁锹。而哲学思维的人则会思考它的使用寿命，还有演变过程，例如要经过多少次实践才能让它完全适合于其用途，如长度、大小，横档又要经历多长时间的改进才能更便于脚蹬，柄孔才能便于抓握。人类所有的工具和餐具、器具、炊具都是显示人的本性的证据，具有深远的重要意义。我们再来看一看长着奇形怪状和五颜六色的花草，长着厚实唇瓣的金鱼，有扁平的圆叶子和红色喇叭花的旱金莲，它们姿态各异，却在表达着一个亘古不变的主题以及恒久的遗传性。又或者我们可以看看我们的房屋，一所古朴、雅致的老式家宅，而那些带有一点自命不凡与投机取巧的气质的设计师却能使一座房屋变得阴森恐怖、粗俗不堪。可是，在乡下一些地区的房子却不尽相同，像在英国西南部科茨沃尔德丘陵地区几乎所有的房舍，无论从颜色还有外形上看都具有很强烈的美感，这些地方的软石让很多建筑者做了多种尝试，以精致异常且非常到位的装饰手法稍稍装饰了朴素的房屋门面。又或者我们可以看看男人、女人和孩子的貌相和神态。有的人不论做什么的，都具有如此大的魅力引人侧目，而也有的不论如何打扮都无法做到引人注目，甚至还会惹人厌恶。可还有的人虽然心地善良、性情甜美，可长相却非常朴素、难堪。所有这一切到底是因为什么而产生的呢？我们或许可以进一步扩大观察的范围，在每个人身上隐藏着各种各样的思想、习惯和偏好，并没有完全相同的两个人，可是有的人却美丽而让人赏心悦目，而有的人却丑陋，让人非常讨厌。

我认为，艺术可以从其最大意义上来说，对各种不同品质进行观察、比较，无论这种品质是通过什么样的形式表现出来。对此，我还可以举出更多不同的例子。事实上，每个人的观察力和观察范围并非无限的，不可能无限地对一切事物进行无微不至地观察和比较。例如对于某些看不见的景色或房屋的美景无法欣赏的人，却对于判断人方面非常在行。

事物不仅是美好的一面才会吸引人注意，就连阴暗、可怕、令人恐惧的部分也会引人注意。无论如何，人们对于东西品质的兴趣都基于美感，其判断依据与事物本身是否具备引人注目的特质。例如一头老猪，它身上的猪鬃、大象一般的大耳朵、鬼祟的小眼睛，以及一直被塞得满满的大肚子。对于一种堕落的生物，让其被自身肮脏污秽的样子所迷惑，却无能为力不思解脱，

179

将会形成如何一种丑陋的样子！

这一切表明了，不论你身处何处，生活都会为你的眼睛和大脑提供丰富的素材。如果你不能深入作观察，仅仅是停留在事物的表面，就无法感受到艺术欣赏的滋味或者生活批判。那么，是什么让这一切发生的呢？这究竟是什么思想的作用？其中究竟有着什么样的用意？我们凭借特有的感知，拥有对生活截然不同的感觉，鲜有人想到自己身处何处或者有什么打算。那么，我们到底是因为什么来到这个世界的呢？特别是那种奇妙的感觉，若非自己主动抉择，绝不愿意让自己被强迫去做任何事。我们一直让这种感觉陪伴我们左右，哪怕我们日复一日、时时刻刻我们都无从对生活作出选择，做着无可奈何的事。

我们一旦勇于去做这样的思考，整个事情就不再那么不可思议了，也不至于让我们觉得恐惧。可是，大多数时间里，我们尚且能够心安理得地生活在其中，怡然自得地处于自己的位置上。可是我们确实害怕一件事，只有离开现在生活之后的前景让我们感到害怕。

从艺术的角度来说，我所指的艺术是我们对事物品质的观察、比较和质疑的能力。只有那些让自己的想象力无限飞翔的人才能充分享受生活，也只有这样才能激发出自身内心对品质的深刻感受，并且通过这种感受引导我们努力完善自己的生活，按照自己所崇尚、认可的美的标准去行动。虽然我们并不一定会选择让自己非常愉快的事物，但因为某种神秘的因素，我们却会从这件事物当中感到幸福，因为无论如何假装不这么想，我们所有人事实上却都在如此渴望着希望。这种幸福与快乐完全属于两种概念，有时候甚至会产生冲突。

因此我们可以最后来探讨生活中的艺术。生活的艺术是一种对生活细致入微的判断力的平衡和比较，无论是谁，生活如何盲目、无力，都有着对幸福的渴望。并且一旦这种尝试得到幸福的希望停止下来，立马又会产生另一种无味的欲望，追求舒适感的自我欺瞒而已。到了这时候，人的精神状态就会逐渐低落，生活也逐渐失去了原本的价值。或许如果我们认识到我们不能负担精神状态下滑的代价，我们才能在某时某地再次回想起每次以退步作为终结的痛苦的回忆。

我建议我们应该以某种方式利用自身的意志去做体验、观察、辨别并追求自己所认为美好的事物。或许会听到某些人评论这不过是一种类似宗教的追求，确实这正是我所准备去追求的目标，也是宗教的一种。很多人不会受到狭义宗教的触动，但我所说的宗教却能被他们所理解。可有意见令我感到不快，那就是宗教这个词在某些人心中成了专有的名词，变成了信仰、教义、仪式和惯例的象征。然而，它们或许真的并不适合我们当中的很多人。对于狭义的宗教概念，我只能说这太过限制思维了。那些人试图强迫我们信仰我们所并不相信或者感到未知的事物，又或者列举一些他们认为至关重要的事物，但这些事物对我们而言却不过是一些惯例罢了。我们永远不利用暴力去对待我们的大脑和灵魂，对着我们的信仰宣称自己并不相信，但对于我们并不真正相信的东西却坚持认为自己相信。可与此同时，我们还应该铭记于心一个观念，每一种宗教都蕴含了某些美的内涵，因为宗教当中必然隐含了从容的抉择，一种对于美好动机和行为的抉择，其中包括一种努力以及对生活中低劣、堕落成分的排斥。

事实上，我们对于一切异议，尤其是严肃的异议，可能会提出："我当然能看到一切真相，明白拥有积极乐观的生活爱好的好处。或许你还会鼓吹自己正身处幸福的优越感当中，可我却依旧执着于断断续续、偶然的兴趣，偶尔还会有几天对事物兴趣全无，也看不到任何身边人和事物的品位所在。我缺少伴侣，也没有时间去享受这些东西。那么，我要怎么做才能让自己的智慧与自己所见相符呢？"正如《约翰福音》中撒玛利亚妇女所述，"如果你没有打水的器具，井又深，你将从哪里得到活水！"事实上，文明似乎不能创造出更多具有这样本能的男女，更遑论将他们放到让他们感到满意的环境当中，这件事并不是那么容易的。随后，我们听到了一些这样的言论："到底追求那些几乎无法实现的目标真的值得吗？何不如放手，退一步海阔天空？让自己尽可能生活得舒服一些不是更好吗？"这才是很多人对这个问题所给出的切合实际的答复，对于一些颇有年纪的人而言，他们所给出的建议却是令人沮丧的，他们嘲笑一切事物荒谬可笑，可年轻的男孩女孩们尽可能不要听取这样的人的话。就好像周伊特在给他的学生温斯伯恩信中所说的一样，他是一个聪明的人，只要将对于诗歌艺术的一切荒谬观点抛诸脑后，就一定会收获更好的结果。毫无疑问，我认为这些思想，这种生活当中的乐趣以及一些好奇与疑惑，可以被很多没有追求生活兴趣的人所追求。正如猎人着迷于白鹿传说，古老故事里的猎人们总是不断地在追逐、追踪白鹿，或许他们从未成功捕获到白鹿，可是随着追逐过程的积累，他们的冒险经验得到丰富，同时也满足了自身对于白鹿强烈的好奇心。

显然，假如你拥有志同道合的朋友的话，你将是幸运的。假如你没有，还有很多书可以让你从中邂逅最优秀的人，你可以看看他们的想法，进而以最美好、生动的方式去生活。然而，读书并非尽善尽美的，正如你或许喜欢集邮，却仅仅会对藏品的数量、种类感到骄傲一样。我们不大相信拥有很多书就能证明一个人有学问，就如同水手拥有一座未知岛屿一般。你必须要去实践，要知道哪种类型的书能够为你提供有益身心健康的营养食粮。因此，我认为准备一些需要经常阅读的书本放在身边并无坏处，这样就可以让人从头到尾去阅读，无论拥有怎样的心境一个人会逐渐产生各种情绪与联想从而汲取书本当中的精华，让自己的知识得到丰富。我有十数本这样的书，我经常会阅读它们，偶尔还会随手作批注，记录下在何时何地与何人一起阅读它。显然，一个人不太可能在一生中坚持只读一本书，就像随着年龄的增长不能只穿一件衣服一样，你会将一些不适合的书淘汰掉。我偶尔翻起那些我曾经所爱的旧书，常常会感到非常诧异，我过去怎么喜欢这些书。现在这些书上所写的批注就好像窄小的前厅和走廊，事实上我已经穿过前厅和走廊，与更加高尚、珍贵的东西相遇了。我们之所以读书，是要努力地将书里所有的知识真正与生活相结合，并非将书本束之高阁。单从我自己的感悟而言，诗歌是其中最能唤醒我内心中隐藏的激情的书，这也正是我所反复强调的。然而，它并不能直接去阅读，而是需要花时间去品味、思考、反复咀嚼，用心观赏。我在很小的时候对于华兹华斯并没有特别的印象，仅仅非常喜欢他的几首诗，如《不朽颂》和《义务颂》，我想多数喜欢读诗的人都会对这两首诗有所涉猎吧。可在我长大成人之后，就开始逐渐明白他诗歌某些章节当中所蕴含的高贵品质，与其他同类型的高雅绚丽并不完全一致。就在某年的假期里，我带着他的一本诗歌全集去度家，与其间我努力研习他的每一篇诗歌。最终，我发现无论自己如何反复谈及对生命的思考，不过是在海滩上捡拾一颗又一颗的小贝壳，可在我们面前却无疑存在着另一种生命。可是，那种生命的存在并不为人所知，深深地被埋藏在漫无边际的深海之中。于是，我看到了华兹华斯所写的：

爱我的人很多，但是

我却得不到足够的爱

或者当他说

我们的心灵将制定无声

但须长久遵循的法律

仿佛他就在揭露这个世界的秘密，如同预言者幻象中七雷发出的雷鸣般地话语。我在某天和一位学生一起共事，在他的一篇散文里引用了华兹华斯的诗句，我们就一起查阅了诗句出处。在我讲解的同时，留意到了《墓志铭》上的诗句，不禁读了出来：

来吧，在你充满力量的时候，

来吧，如同碎浪一样虚弱！

在这两行诗句当中，隐藏了难以言喻的魔力，当时我的学生并不理解为什么我在这里就无法继续下去，支支吾吾也说不出话来，而我也无法对他多作解释，正如柯尔律治所谓的一样：

织一个圆圈，把他三道围住，

闭上你的眼睛，带着神圣的恐惧，

因为他一直吃着蜜样甘露，

一直饮着天堂的琼浆仙乳。

美的秘诀恰好隐藏于此，只会被看到，却不能被解释出来。

事实上，现在以及将来的某些人能看到我用痛苦的情感写出来的东西，却将它们视为垃圾。然而我所描述的却是一种快乐的经历，这或许并非寻常所见，但却犹如吃喝一般充满了真实性。过去我曾有过这样的经历，将来也不会错过。我能够一眼看穿这样的体验，因为它与其他的体验并不尽相似。当然，这并非是你坐在桌旁纠缠一样稀松平常的事，也并非能让你引以为傲的经历，因为早在我刚记事起就有过这样的经历，淡然我也并不能够了解其作用所在。要不是在重要时刻，或许这种体验并不能让生活走向崇高、完美的境地。假如我的心麻木不仁，或者这种体验便不会与我邂逅，假如我身处悲哀、焦虑的情绪当中，却极有可能与它相遇。

接下来我要如何去解释这种经历呢？其实很简单，在我们生活中有一个被我们称为美之境地的存在。假如你接受我对于艺术生活的观点，无疑你偶尔会被允许涉足这个境地。虽然我还说过我所说的很多生活观点关乎感觉，但这些感觉却并不完全与美丽挂钩，有时候甚至是背道而驰。

如果有人直接地问我，是否应该努力去思考或者想象，又或者进入这种特殊的兴奋的状态当中，而我的回答应该会是，这种努力并不值得。我很怀疑这种状态是否真的能够达到这种境地，另外我也并不非常确信自我暗示是否能产生健康的情感，因此你只有经过这种体验才是正确的途径。

虽然如此，可我还是非常明确地坚信，对于任何人，只要感兴趣于这种作用，就值得努力去实验，并且以批判的观念去看待这些体验，多听多看多听取他人的建议，多读书，并且努力实践所看到以及所判断的事物。

前段时间我去一家印刷厂参观。在那里的车间里，我听到机器所发出的轰鸣。在机器旁边的平板上一个年轻人坐在那里，他轻轻地将一张纸摆放着，并将印刷品放到一个大盒子当中。

在我和老板一起离开车间，交谈当中我问到了那个年轻人是否知道自己所印的是什么时，老板却嗤笑道："他根本不知道自己印的是什么。当然对于他来说，他越是对印刷的书不感兴趣越好，因为这样他就可以不断地给机器添加纸张，而不带有任何意识。"我想到这样的一个人彻底变成了一个机器人，突然有一种悲哀的情感涌上心头，然而那个年轻人看起来非常开心。他看起来身体健康、聪明能干，机器的轰鸣对于他如同无物，他认真地做着自己以为很重要的工作，不时会弯下腰给机器添加新的纸张。

但在我看来我们要避免的正是这种单调乏味的生活方式，与其他人比起来，有的人却很难避开这种生活方式，而在某种情况下要做到避免单调乏味也会变得尤其困难。然而所有的艺术以及艺术感知却意味着不需要承担责任去创造源源不断的生活乐趣，还有正如我前文所说的，也代表着尝试去感知、识别与比较事物品质一种行为。我所坚持的是，艺术并非一定要固定在创作出任何带有艺术性的作品，这指的是那些有着创造力与创造能力、心灵手巧且有很强的创造欲望的工匠、艺人、技工心中闪现过的创作冲动，这与艺术家的创作冲动并无二致。假如一个人具备特殊的利用词汇的特长，或者善于掌握样式、颜色、句子，那么这个人对于美强烈的感知决定了这个人会在创造美的过程中将艺术性表达出来。事实上，虽然有的时候对于美的发现无法言喻，力所不能及，但一旦你能捕捉到且准确将其表达出来，就可以到达你所期待的美的生活的终点。

其实虽然数不清的心与头脑缺乏表达的能力，却能够具备对品质的感知能力。对于这些人，我所要说的就是希望他们相信这样的一个事实——他们手中掌握着如同古老故事当中的线索一般的线索，引导探险者安全穿过黑暗迷宫当中的一个又一个陷阱，在故事里勇敢的年轻人将绳索的一头系在洞穴口一旁的生长的荆棘树上，另一头则握在自己手上。随后，将绳子松开，大胆地大步走进洞穴探寻其中的秘密所在。

实际上对于所有人来说，生活的线索永远会根据一个人对自己一生所要扮演的角色的规划，将其引导进入美的胜地，不仅包括颜色、声音和词汇等外在的美，还包括了宽容、温和、纯洁、无私生活中的行为当中所展现出来的美。

那么，又是什么促使我们努力尝试去过这样品质的生活呢？答案很简单，我们与其心中充满恨意、愤怒、贪婪、自私，并让它们填满生活，还不如让生活如此会更加美好。无数令人感动、恐惧的丑陋的人和事随时存在于美好生活的四周，我们能收到源自于各种各样的美所天然带有的自然属性所传达的信号，这种自然属性凭借着超过世界当中某种巨大力量而发出信号。同时，固然邪恶、丑陋、仇恨、低劣等事物具有非常强大的力量，可我们却能在宁静、幸福当中发现更强大的力量。正是因为如此，我们需要具备辨别、选择、崇拜美好品质的力量。凭借这种力量我们能够为世界而改善我们的生活，只有与这种强大美好的力量同一阵营才能过上和谐、富足的生活，也只有凭借它才能帮助并引导世界脱离混乱、黑暗和争斗，让光明与宁静充满生活。事实上，我们需要心怀感激地承认，宗教早已成为了专门化的东西，并不能满足我们心里所有的欲望。同时，宗教过分明确地将传教士的生活、仪式和教义与自身相结合，可并非任何人都能在宗教组织当中得到心灵的充分满足。有的人，特别是那些不邪恶、不残忍，且具备同情心的人却只能从体系化的宗教，如传统的信仰、狭隘的教诲、教理问答、传教会议、祈祷仪式和礼拜活动中得到苦闷和沉寂。如果站在某种角度上看待这个问题，宗教并没有说错什么，可宗教却常常让美景、兴趣、情感和诗歌变得荒芜，也无法代表生活的充实。有的对生活感到不满的人们通常羞愧于自己的行为，可宗教却不能让他们的心灵得到满足。虽然通过宗教人们知道了天堂的存在，可惜等候他们进入的那种天堂并非他们所期望的终点，也没有那么大的魅力。他们并不想犯错，或者离经叛道，但他们所具有的各种冲动却无法获得专门化的宗教、探险、友谊、激情、美，以及生活中各种神奇情感的认可。在系统的宗教当中，并不容许存在伟大的诗人、艺术家和音乐家的作品。可是，人们需要的却是一些更丰富、自由、广泛的事物。人们并不想推卸责任，也不想走向邪恶的轨道，可很多宗教却坚信这些重要的事并不重要，被很多宗教说成真实可靠的信仰却不过是一种难以言明的观念。我并非是要说这样的人不忠诚于上天或者道德，我所表达的仅仅是身处这样的氛围当中，他们认为自己并不自由，也没有胆量将世界最美好的礼物奉献给上天。

很大程度上，这样的感觉并非对于古老观念的背叛，就像新酒味道过于浓烈，无法装进旧瓶当中一样，这不过是一种扩展理想范围，寻找更多神性物品的愿望而已。

在我看来，这种本能并不会战败于任何力量之下，相反还会茁壮成长，传播开来，对于未来的文化进程产生巨大的影响。我们热切地渴望宗教能够敞开胸怀，认可这种本能。我认为这种本能的精神正是最真实的宗教意义上的精神，这种精神关注能够帮助我们净化并丰富生活，它源自于充满活力的生活当中，不存在任何拙劣或者卑鄙的成分，相反这种精神感知不断地重复地依靠着神明所传达的信息。同时，这种信息永远在告诫我们，让我们的生活充满了火热的激情与音乐，让伟大、自由、美妙围绕着我们的生活旋转。这就是生活主要的意义所在，假如我们渴望更加多地感受到生活的宏伟和丰富，就绝不可以局限于阴暗、悲哀、怀疑的世界当中。这是一种更加忠诚于上天的努力，也能在逐渐扩大的圈子里认识生活的价值所在。

忌恨约瑟的几个哥哥当看到由远而近的约瑟时，不禁脱口说道："瞧，那个爱做梦的来了，我们可以看看他到底将梦怎么样了！"于是，他们一起策划谋杀约瑟：他们剥光了约瑟身上的衣衫，把他扔到一口枯井里。本来他们试图杀死约瑟，却遭到了四哥犹大的反对，最终他们将约瑟卖给商队为奴。但是，但某天他们颤抖不止地站在约瑟面前的时候，却得到了约瑟的饶恕，并且受到了王室最好美酒佳肴的款待。我们永远不能去蔑视或者嘲笑一个人的梦想，因为这并非我们能够负担得起的，人总是需要靠梦想活下去的。因为梦想能够变成现实，也正因为如此我们得以通过巨大的力量将自己解放。

第九章

迷信与真诚的心态

一

　　大约在 1879 年的时候，我乘坐了一辆名为"勤奋"号的火车，直到现在我还能记起那列火车沿着诺曼底一条地势较高的铁轨行驶的场景。车窗外是一片辽阔的乡村景致：大片翠绿的田野，被树木围绕的农场，数座参差不齐的白色房屋组成了小小的村落。在我旁边坐着的是当时剑桥大学的教授威斯科特，他和我们一起度过了暑假。他穿着略显粗糙的黑色衣服，柔软的帽子压着有些灰白的头发，看上去很是抖擞，肩上披着的灰色方格披肩几乎从不见更换过，在他手里还握着一般的写生画纸。他安静地待在座位上，身体略弯，眉头紧锁，紧闭着双唇，明亮的双眼熠熠地盯着风景在窗外飞驰。他时不时会脱下帽子，仿佛在向什么东西致礼。我一直观察着他，最后终于忍不住问他为何总是脱帽。他似乎有些吃惊，然后露出疲惫的微笑，红着脸说："我在向那些喜鹊致敬！"在乡村那一带的确能看到很多喜鹊。有时，三两只喜鹊就那样神态自若地稳稳站着，下一秒又陡然向附近杂木林的巢穴里飞去，将自己长长的尾巴愉悦地舒展在空中。威斯科特沉默了一下，接着又说："这个愚蠢的习惯从我的孩子时期就已经养成了。只要看到喜鹊就会忍不住致敬，看！那里又有一只！"说完，他又将帽子取了下来。

我总是会回想起一些美好的过往。实际上，像威斯科特教授所说的天真"羞愧感"的情感，很多都可以归类成对某种迷信的敬意。威斯科特不能对此给出合理的解释，也无法将这个习惯改掉。而我在看到喜鹊时总会吟诵一首古老的歌谣：

一只喜鹊，孤单单，

两只喜鹊，喜洋洋，

三只喜鹊，必有一伤，

四只喜鹊，早生贵子，

五只喜鹊，其乐无穷。

有种神奇的喜乐感出现在最后一句中。不过，我更乐意看到两只或四只喜鹊待在一起，而不想看到它们"孤单单"或"必有一伤"。

令人费解的是，大部分人都会有几个专属于自己的"小迷信"。这些"迷信"出现的情景往往能唤起人们短暂的愉悦感。对于这种情感出现的原因，人们很难给出解释。我们究竟要把这种现象当成是灾难降临的预兆，还是我们对于无法避免的不幸所发出的警告呢？有些迷信是有解决办法的。如果将盐不小心撒到了地上，那么就要笔直地站着，用右手在高于左肩的地方，下与其相克的东西。一旦这种情况出现，我都会这样做！也许，人们认为天使和魔鬼总是会出现的——右手是善良的天使，左手则是邪恶的魔鬼。邪恶的力量被撒在地上的盐瞬间激活，而越过左肩膀的右手则可以将邪恶从它的眼皮底下赶走。通常来说，大部分迷信都无法在现实生活中找到有效的解决办法。大多数人在打破一面镜子，或是看到初升的月光在玻璃杯上反射出来时，都只会"束手待毙"，颤抖的内心害怕着灾难会突然降临。另外，还有一些像"不能在梯子下面行走"这样迷信的心理，不过我在下意识里总是会去这样做。我认为，"以防万一"的心理状态才是这种迷信心理产生的根源。难道是害怕瓷砖掉下来砸到自己吗？能够肯定的是，这种由来已久的恐惧从远古的蛮荒时代就早已存在，那时的人类认为有一种无形的邪恶力量一直存在于这个世界上，随时惩罚犯下错误的人。而那些"错误"却显得如此琐碎与无害！更为明智的做法，应该是用"迷信"去惩罚那些故意犯下罪恶的人。然而，被恶意力量攻击的现象机会都是偶然发生的，并且报复的概率也叫人捉摸不定，完全随机。

不一定只有心灵脆弱或愚钝的人才会深陷迷信之中。很多精力旺盛或理智之人也有自己的迷信习惯。我有一位身体健康并且神志正常的亲戚，也同样痴迷于迷信。当时是一个冬夜，我的房间里点着三根蜡烛，而我则正在写作。他突然跑到我的房间案台前，小心地掐灭了一根蜡烛，面对我的不解，他解释说："我不介意你点上四根蜡烛，可是三根不行，因为这是最不吉利的。"

更为奇怪的是，信奉迷信的人从来都不会进行深入研究。假如他们能将自己违反迷信原则时所产生的结果记录下来，那么他们就能确认或者将某个迷信理论抛弃。可是，他们从不这样做。我认识一位充满活力和智慧的女人，她一直认为就餐时人数为"13"就会非常吉利，我曾经对她说，"13"这个数字实际上只是一个百分比而已，假如"13"是吉利的，那么其他数字也可以一样吉利。她反驳我说："哎呀！你们男人怎么都理智得让人讨厌呢！其他数字是不行的，我每次和教堂牧师聚餐时都会让人数刚好是'13'位，结果没有发什么任何不好的事情。这是经过很多次证实的！"

历史上有两个关于迷信的最有趣例子，就是莫德大主教和约翰逊博士。莫德曾经做了一个这样的梦：他的牙齿在梦里掉得只剩下了一颗，而他"将这颗牙齿用双手拼命地固定住"，他祈祷这个梦不会是什么灾难的预兆。这明显是一个将事情缘由与表现方式弄混的例子。就算这个梦境真的会引起某些灾难，他也无计可施。否则对于他来说，不过只是一个及时与善意的警告。不过，他诚心的祈祷又将他心智混沌时有趣的一面有所展现。莫德经常从圣诗与教义中寻找某些劝喻或是预告，尽管他精力充沛，为人刚愎自用，也不怎样体谅他人的情感，但是他紧张的神经和内心的焦虑，还是从这样的举止中显露了出来。而约翰逊博士则正常很多。叫人难以置信的是，在他睿智又幽默的思维背后，其实一直受着忧郁症的困扰。他在出门时总是先小心翼翼地将右脚迈出，在接触到支柱后开始念叨着祷词，又或者毫无预兆地大叫一声。这样"迷信"的行为实在叫人难以忘怀。而在古老的迷信故事中，最有趣的则莫过于西塞罗讲述的一个故事。这个故事不但对这种习惯心态的本质进行了说明，还体现了拉丁字母发音的奇妙，让人很是好奇。西塞罗曾经在布鲁迪辛乌姆准备乘船前往希腊，一个商人到码头叫卖着东西，嘴里一直喊着"柯尼安无花果"。（"Cauneas！Cauneas！"）于是西塞罗立马改变了自己的行程，没有马上启程。其实"Cauneas"是很标准的拉丁发音，听起来与"Caveneeas"（不若归去）有些相似。不过令人困惑的是，西塞罗却没有对同行的人进行告诫，叫他们不要登船，他只是认为自己足够幸运，能够参透这个预兆。没错，在这种事情上，大部分人都会选择这样做。所谓的天意在人们眼中，并不仅仅只是负责分配好运与歹势，使人无法避免灾难，它总是会以某种渺小却奇妙的方式向很小一部分人告知命运的前兆。整个事件因为这种心态而变得有些堕落的味道，因为这种暗示背后隐藏着的是变化无常的恶意精神，它就像是天卫十七星上那个野蛮而残忍的奴隶卡里本，总是将快乐建立在他人的失望或愤怒智商，因此总是会开一些令人难堪或尴尬的玩笑。

"勿爱，勿恨，选择就行。"

我总认为，迷信会在教育的逐步普及以后消失殆尽。可是，在某些偏远的地方或是小山村的角落里，它们仍旧顽强地生存着。在多塞特郡塞恩·阿巴斯白垩的草皮地上，雕刻着一幅长达200英尺的男性人物巨像，这位巨人手里拿着破旧的球棒，浑身赤裸，人们称他"塞恩的男人"。没人知道雕像的具体完成时间，不过能肯定的是在英国被罗马帝国征服以前它就已经存在了。我们可以从恺撒的生平记录中得知，有些俘虏是被柳条绑住，活活烧死在恐怖的仪式当中的。僧侣们宣称雕像手中的棍棒代表着鱼类，说明他曾经远洋，于是试图将其改名为圣·奥古斯丁，从而让庄严宗教意味融入其中。这幅雕像的寓意在这片盛产海鲂里，让人很是难以琢磨。唯一能够肯定的是，许多丑陋与邪恶的迷信都是因它而起。在这里举行过的某些野蛮残忍的宗教仪式直到近代才彻底绝迹。我想那些存在于偏远地区的各种黑暗古老的仪式，现在都应该消失了吧。曾经流传着一个坊间传闻，说是就在前几年，在一个难以置信的地方发现了一个插满别针的蜡像。这些阴沉黑暗的传统究竟要到何时才会被彻底摒弃呢？毕竟，这些世代遗传下来的本能信念太过根深蒂固，想要连根拔起，是任何理智的争辩都无法做到的。

不过，在受过高等教育的群体中，又会有不同的情况出现。在面对这种迷信的行为与思想时，他们往往都抱着一种真诚的心态，他们依稀认识到，或许真的有一些内涵藏在这些思想行为背后，所以"宁可信其有，不可信其无"。我认为，对于那些心理承受能力太弱的人来说，如果灾难真的在预兆之后降临，那将会是最坏的消息。相比起一百件没有灵验的征兆，这些饱受教育之人宁愿相信那一件征兆的灵验。人们只要转变思想，就能心知肚明地从迷信虚荣的魔爪当中脱离出来。

　　脚踏实地才能攀得上高山，长年累月的积累才会有更高的智慧，没有什么是能一蹴而就的。许多清楚真相后的明智之人，在善意告知他人真相后遭到冷遇或排斥，便会失去耐心，变得暴躁。想在这场直觉与理智的漫长战斗中获得胜利，就得长久地坚持下去。就像那些曾代表专制反动庞大势力的建筑，如今也坍塌成一片充满意境的废墟。一到夏季，这些废墟就会迎来许多游客。最终，这些古老的力量只是演变成了一些美好又有趣的习俗。可是，令人费解的是，这种毫无负面意义的习俗却总是左右着人们的思想。在这个世界上有太多神秘与可怕的事情让人疑惑，不过，人们对于这些臆想带来的恐惧总是放任不管，任其增添自己的负担、折磨自己的思想，再试图从一些古怪或荒诞的仪式中得到解脱，这些事情都是毫无意义的。

二

对于梦，只有两点让我感到费解：第一点是，梦境的绝大部分是视觉的印象；第二点则是，虽然梦的制造者是我们自己，同时来用奇妙的情感和令人意想不到的鲜活场景冲击我们的达到。那么，我们可以在下文慢慢剖析这两点。

现在，一些研究思维规律的哲学家领导发起了意象重点在于对梦境进行解释的运动。到底我们大脑中的哪一部分在起着奇妙、强烈并重要的作用，同时还会不加理睬普通动机和管理？一如我们日常生活中看到的很多事物一样，对我们来说是如此熟悉，因此我们似乎忘记了对于这种不可思议的现象感到任何惊讶。对于梦，我们却感到非常费解。梦是我们所发明出来的现象，我们自己发明并创造出来，却试图用奇妙的情感和场面让我们大脑受到冲击。

如果在我们从梦中醒来的时候，对于梦中的情景还带有深刻的记忆，对于梦中的某些场景往往也会带有印象，可这种印象主要通过眼睛来接收。不同的人创造出不同的梦境，就像我自己做的梦，往往可以相当清晰地分成几种分类。其中，我们最经常做的梦则是我在一片安静当中观赏一片难以言喻的美景，例如在梦中，我看到了一条如同蓝宝石一般湛蓝的河流，它正沿着一块巨大的砂岩峭壁顺势浩浩荡荡地直流而下；又或者我会梦见身处一片繁花盛开的小山之间的树丛中；又或者我看到有着宏伟建筑群的林地，还有建筑上石雕的门和高耸的塔。这些神奇的梦境让我感到非常振奋、开心以及刺激。如果从这样的梦境当中醒来，我们总是能对美和契机产生不同的领悟。又或者我会梦到透过窗户或阳台看到某种程序令人感到奇怪的隆重仪式，很多人衣着华服或者步行，或者骑马、乘车列队前进。又或者我梦到在某个昏暗、四周被柱子支撑的屋子里，很多人正在举行宗教仪式。一切悄然无声的梦境在一片宁静中上演着。我不知道自己的所在，也不清楚自己的经历，却又试图想要知道些什么。可是，我听不到别人大声说话，或者身边人做任何的交流。

另外，我还会做一种关于愉快生动谈话的梦。我在梦里正在与罗马主教、俄国沙皇等一些大人物推心置腹地进行交谈，他们正在引经据典地向我请教，可我却惊奇地发现它们是如此和蔼可亲，毫无一点架子。或者我会梦到自己置身于一个陌生的房间里，和一些素昧平生的人在一起聚会，一个又一个的客人在我面前走过，向我讲述着一个又一个奇闻逸事的真相与细节。常常我还会做这样的梦，梦见一些早已过世的人，如我的父亲。在梦里，我们父子偶然间在一个火车站里相遇，并且我们都暗白庆幸这次愉快的相逢，父亲抓着我的胳膊，微笑并温和地向我述说着什么。可是，当我对于父亲最近去了什么地方，为什么很久不见面感到疑惑的时候，就会立马从梦中醒来，这才意识到父亲早已离开人世多时。梦境也就成了我与父亲相见的唯一途径。我偶尔还会梦到自己在听音乐。我依旧清楚地记得自己听到了四位音乐家用银笛等四种小乐器演奏四重奏，曲调优美。可是，最让我感到兴奋异常的还是在梦里可以浏览各种美景，以及和亲密的人进行交谈。

在我的孩提时代，经常反复做同一个梦。当时我家在林肯郡一所叫钱斯里的旧宅里。那是一个非常宽敞的有着某种意思的中世纪建筑特征的建筑，在那里可以看到螺旋式石头楼梯，镶嵌在墙上的都铎式木制屏风，这些都是过去这所小教堂留下来的摆设。另外，还有一些相当神秘的空间，与一些房间大小非常不衬的通道。在这种格局当中，孩子们的想象力得到了极大的刺激，或许那也正是我梦的源头吧。

我的每一个梦都有着相同的开始方式——我仿佛正准备走下通往大厅的楼梯。在我踩到某块楼梯木板的时候，总感觉到这块木板正在发出"咯吱咯吱"的声音。我检查之后确定木板装备了铰链，于是我找到了铰链并打开它。随后出现在眼前的是楼梯的另一端，一直通往地下。虽然我一直在反复做这个梦，但每次依旧会感到无比惊讶，感觉自己正在发现什么新东西。通常我会让自己的身体向开头的地方挤过去，然后随手关上木板，沿着楼梯走下去。因为用人造的光线在照明，四周显示出一片昏暗浑浊的样子，但我却从来没能找到光源的所在。当我下到最底部，看到了一个很大的拱形屋顶的房间，这间房间非常宽敞，有着很长的过道。我还看到了安装了铁栅栏的畜栏，这里似乎是一个马厩或者牛棚，其中养着狗、老虎和狮子等动物。这些动物非常温驯，对于我的出现也似乎显得非常高兴。于是，我会走进每一个畜栏，给它们喂食，和它们一块儿开心地玩耍。在那里我看不到任何管理员，也从来没有去思考过这些动物在那里的原因，它们到底属于谁。通常，我会在这个迷你的动物园里玩耍很久才会离开，对我而言，似乎唯有不能让人发现我的离开才是最重要的事。于是，在梦里我总是会小心翼翼地举起木板阶梯，在确认没有人的情况下才会溜出去。可是往往在梦里我头顶上的楼梯总是会有一个人走过，我就会一直待在那里蹲伏着身子等着，心里充满了冒险所带来的兴奋感。直到那个人走过去之后，我才能安全返回。随着这个梦逐渐变得熟悉起来，每当我上床睡觉的时候，总是希望自己依旧能够在梦中看到那些动物，但结果往往让我感到非常失望，我梦里总是会出现其他的东西。这样的梦境出现得并不非常规律，一年或许会出现一两次吧，不会更多。可是让我感到非常惊讶的是，这样的梦往往伴随着同样的愉快感觉和神奇的感情出现，直到我真切地想起这个梦境，才意识到我过去从未真的见过这些出现在梦境当中的事物。

另外，我还注意到一种患病长期休息期间经常会反复做的梦。在梦里我总是会到另一个地方写作，这总是让我感到非常快乐，不过我常常在梦里看到深奥的黑色。这种黑色有时会出现在某人的黑斗篷上，有时候会在一扇门的后面，有时候有渡鸦或者乌鸦。但其中一个黑色的小盒子出现的次数最多，它被放在桌上，看不出是否有盖子，也不知道如何才能打开。我经常会把盒子拿在手里，觉得它很沉。无论是做梦前，还是梦醒后都不曾感受到这么强烈的黑色，这种情况太过明显，绝非一个巧合。我坚信这是我自己身体状况的一种潜在暗示，一定有着特定的原因。事实证明确实如此，哪怕清醒的情况下我依旧能意识到黑色物体的存在。尽管不能清晰地感知到它，但却能模糊知道它存在于我视觉细胞当中。这种情况在等我身体康复之后却不再出现过，我也不再在梦里看到任何黑色的东西。

上文所述的梦都是比较具有连贯性的，但还存在一种呈现出模糊特征的梦境，例如梦到一次次试图乘上火车，或者急切地试图按时赴约、参加某个社交活动等充满时间仓促感的情景。有时候我还会梦到自己因为莫须有的罪名被判处死刑，随即面临即将到来的死刑。就在前段时间的某个晚上，我做梦遇到了同样的一个情景。在梦里，我和不同的政府官员交谈，尝试找到我被判处有罪的原因，但总是无功而返。他们并没有谁能向我具体说明案情，不过是礼貌地向我表达了同情，但却表达了杀一儆百的决心。其中，埃劳德·乔治告诉我："我们一定会作出实质性的审判！"我回答："但你所说的话并不能安慰我分毫。"他亲切地对我说道："不，哪怕你得到了更大的安慰也并无作用！"

然而，除了这一切梦境之外，一场栩栩如生的梦恰好能对一件事实进行恰当地说明：一个人的记忆当中承载了各种事物形成的画面远比现实生活中我们所看到的要清晰很多，你确实可以在梦中看得更清楚。我可以比现实中看到的景象更加清晰地回忆起梦中看到的风景，但这种情况让我惊讶不已，为什么会出现这样的差别。记忆是怎么样做到储存仿佛视觉影像一般的东西的。或许正是利用了视觉神经的反射作用吧？

那么接下来我们可以就第二点问题谈一谈，就是梦中所激发出来的强烈的情感。似乎这一切看起来是两个不可区分的个性所作用的结果，其中一个在无意识地进行创作，另一个则在有意识地进行观察。前不久我在梦里看到自己正散步在赖斯霍尔姆的一个湖边。这个地方过去曾是林肯郡主教们的宅邸，我很小的时候经常在这里玩耍。我看到了湖面稍微在下沉，我走在用鹅卵石铺成的一条漫长的湖堤上。在湖堤上的远处，我仿佛看到了个什么东西，随即赶过去却看到了一个奇特的金属杯底。在我把杯子拽出来后，竟然发现这个是一个不小的金制的圣餐杯，因为年代久远，且长久以来的风吹雨打，这只杯子已经失去了原本的光华。随后，我还在那里发现了一些杯子、圣餐盘、蜡烛架和酒壶等非常精美的古董。直到这时我才想起来小时候曾被告知（当然，这完全是自己想象出来的），发生在林肯郡的一起盗窃大教堂圣餐盘大案，其中一位主教被怀疑与这件案件有关系。我立马就明白了我当时刚好找到了赃物的藏处，显然正是那位主教将自己罪恶的证明藏在了这里。在梦里，我甚至还能想起那位嫌疑人的名字。

那么，我们可以看到，我头脑的一部分肯定事先创造出了一个故事，而另一部分则处于惊讶却又兴奋地在发觉并了解这个故事，这是我们所能得到的事实。但是，头脑负责观察的部分是完全没有意识到正是自己创作了这个故事。只有合乎自然推理的部分才能证明，存在我头脑中发挥着两重作用的两个部分。

一个人正当清醒的时候，会感觉到自己在捏造并制造整个事件。当身处在梦里，就会完全失去这种控制权，似乎人还没有足够的力量去控制大脑中富于创造力的部分，只能跟着它将故事进展下去，并被自己的创造力所折服。可是，有时候如果梦到非常痛苦的事，你开始从梦中惊醒，似乎还有第三者介入告诉你这不过是一场梦。其中，这个出现了的第三者会让故事的发展显得仓皇失措，随后迅速离开，并让胆小羞怯不安的观察者稍微松了一口气。如此看来，理性思维的自我重申本身正体现了创造、观察两个个性的紧密联系。

我还曾经做过这样一个非常奇怪的梦，这样的梦与当前现实中的生活存在联系。正如我前面所说的一样，我梦境很多与风景、仪式、谈话相关，此外还会有一些令人兴奋不已的冒险经历，或者与不期而遇的邂逅相关。在我成为学校校长的时候，我很少梦到学校。但当我离开那个职位之后，我却经常在梦里看到自己在学校里工作，或者是在努力维护班级课堂秩序，或者在慌乱地找我的教学课件。在我生病的大概两年的时间里，我经常会梦到一些让人心情愉悦的情景。但一旦我康复之后，却往往会梦到很多令人抑郁的梦境。我认为，能够将自己的梦与近来发生的事相联系的情况，确实非常少见的。我不能说美景，宏伟壮观的仪式，或者与达官贵人交谈，又或者令人兴奋的突发事件能对我们的生活产生巨大的影响，但这一切确实是我梦境的一个重要组成部分。关于这一点，心理学的学生认为，梦的主要素材提炼于早起的生活经历。因此，当他们在治疗心理疾病的时候，就会说通过研究病态大脑所做的梦可以理解错觉和强迫症的产生，往往证明了或愿望得不到满足，或童年受到神经上的重大刺激。可是，在我精心制作的梦境当中，我长期以来苦心积累的知识却无法起到主导作用，可能正是因为我躺在床上睡觉的时候感到冷热不适才会让我做梦。夜间冷热气温的变化仿佛让我做了大量的梦。

另外，我还有一个关于梦的非常奇特的情况——在梦里，我彻底失去了道德的观念。在梦中，我曾经偷过自己喜欢的东西，也曾经梦到自己毫无理由地杀害无辜，可是我却失去了同情心与悔过的想法，只是在想如何掩人耳目，让自己免于受到追捕侦探。或者说，梦中的我失去了负罪感或羞耻感。在梦中我会发现自己真的很担心，却总能找到很多应急的办法，最后都能安全无羔地逃走。同时，在梦中我的某些情感因素也非常活跃。有时候，我似乎正在和兄长姐姐一起在房间或者院子里玩耍，但醒来的时候却发现那不过是一场梦境。在梦里，我会想起童年时代的玩伴，以及当时发生在那里的令我感到悲伤或者快乐的回忆。

虽然我把生活中的大部分时间都用于写作，但我发现自己很少能在梦中作任何创作。某次当我在睡觉的时候，写下了一首奇特的伊丽莎白抒情诗，诗的题目是"凤凰"，或许你能够在《牛津诗选》里看到这首诗。在这前后的时间里，我都没有写过类似的作品。这个梦发生在1891年我生日的前一天晚上，那时候我正在与一位朋友住在威斯特摩兰郡的一家旅馆里。梦醒之后，我立即写下了这首诗。之后，因为感觉这首诗并不完整，因此我又对这首诗做了一些补充。随后，我把这首诗编入了我的一本诗集中一起出版，并向一个朋友指明了证据。但朋友看过之后，却指着新增的那一节诗对我说："我想，你一定遗漏了什么，你所增加的这节诗和整首诗完全不搭！"

但这是一次特别的经历，此外我还梦到一场施坚信礼的宗教仪式。在之后我记起来在仪式上吟诵的一首非常特别的赞美诗，因为这首诗太过特别以至我没办法将这首诗写出来。整首诗本来就是献给主持仪式的主教的。但是，梦中的我也似乎被这首诗所感动，似乎这首诗本身也是唱给我听的。

偶尔在我睡觉的时候，会被梦中某种巨大的声响惊醒，可这种近乎真实的梦境却十分难以理解。有人说过睡觉做梦会让人筋疲力尽，但这在我的经历中却总是得不到佐证，可说我在做梦之后却产生了另一种截然相反的状态。于我而言，睡觉深沉往往就是身体状态不佳的一种表现，假如我做了很多有趣的梦，通常会感到自己身心得到了放松，神清气爽。这样的梦让我整个人得到了充分的休息，又或者我梦到在做客期间受到了良好的款待也会产生这种感受。

这些不过是个人散乱的一些经历而已，站在哲学的角度去看，我无法提出任何关于梦的理论。根据我的情况，这是一种源自于遗传的能量。我父亲是我所见过的最主动且固执于做梦的人，他总会做很多高质量的梦。他的梦往往会让人大吃一惊，生动有趣，我并没有遇到第二个梦能与父亲的梦相比。我父亲做了很多富于创造力的非凡的梦，其中我从未听过的最有趣的梦是他在梦中找到了提图斯·欧莎的马的墓地，在谈话开始之前他并没有意识到那块石板到底指的是什么。这个梦，我已经写在父亲的传记当中了。

在父亲的梦里，他正与斯坦利院长站在西敏寺里，他看到了一块有裂痕的刻着一些字母的石板。斯坦利对他说："我们找到了。"我父亲应声道：

"是的，但对于这个你知道些什么的吗？"斯坦利答："什么？我认为之所以立碑纪念一匹马的无辜，正是想向后人说明这样一个道理：无论主人如何劣迹斑斑并不会影响到他的坐骑。"我父亲应和道："当然！"但即使到这个时候，他依旧无法意识到墓碑上的墓志铭所指向的是谁。我父亲看到石板上写着 TIT CAPITANI 这样的一些字母，因此知道这块墓碑属于一匹名为提图斯·欧莎的马，其完整的名字应该是 EQUUS TITI CAPITANI。最终还是"上尉"这个军衔让我父亲回想起，提图斯·欧莎曾经还做过民兵团的上尉。

而我唯一能算得上非凡且表现了我特异的预知能力或洞察力的梦，发生在 1914 年 12 月，在梦中所发生的事却不能单纯地归于一个巧合。

在 1914 年 12 月 8 日那个夜里，我梦里正走在一条乡间小路上，在路旁种树篱。在其左侧我看到了一座花园，有一幢房子竖立其中。梦中的我正想要去看望我的一个老朋友阿迪·布朗小姐，当时她已经去世很多年，但梦里我依旧认为她还活着。

在我前方有四个与我方向一致的人正在路上走着，我就加快脚步赶上他们。这四个人当中有一个年纪稍长的人，另一个人则显得年轻一些，有着一头红发，步履轻盈，穿着一条灯笼裤。另外两个男孩，看起来似乎是那个红发男人的儿子。我认出其中那个年龄稍长的人好像是我的一个朋友，只不过我想不起来他是谁。他面带微笑地朝着我点了点头，我便加入了他们的队伍。我刚加入的时候，那个红发男人说："我想要去看望一个老人，正是我的表姐，她就住在这里！"不过，他是对他身旁的人说，并非针对我，但我却意识到他的表姐正是阿迪·布朗小姐。年龄稍长的人对我说："我为你做一下介绍。"只见他把年轻的男人向我引见，道："这位是拉德斯托克勋爵。"随即，我们握了手，我说道："你知道吗，我一直以为拉德斯托克勋爵是一位颇有年纪的人，这次见面让我非常惊讶。"

我并不能回想起很多关于这个梦的细节，可是梦里的场景却一直非常鲜明生动，因此当我再次回忆起来的时候，总是能在脑海中浮现出梦里的场景。当几分钟后的 12 月 9 日，我从我床前被送来的一份《泰晤士报》上，我看到了关于拉德斯托克突然死亡的消息。一直以来我并不知道他有患病，并且很久没有再想起这个人，可奇怪的是他竟然是阿迪·布朗的表弟。很久以前，阿迪·布朗曾经给我聊过一些关于她表弟的趣闻，在她去世之后我就不再听到任何人提起过拉德斯托克这个名字，并且我们也并没有见过面。因此，事实上在我做这个梦的时候，老拉德斯托克已经过世，他的儿子——54 岁的小拉德斯托克则继承了爵位。或者我应该说，在我梦中出现的那个年龄不过 45 岁的男人，我并没有太深的印象，唯一记得的就是他仿佛长了一头红色的头发。

我不曾订阅过报纸，但我也并不认为在报纸上曾经出现过关于拉德斯托克前一天患病住院的消息。事实上，他的死亡来得相当突然，出乎意料。假如说这并非巧合，那么合理的解释或许正是我在大脑中存在某种特殊的心灵感应，我与亲爱的老朋友阿迪·布朗小姐心灵相通。因为，在梦中我确实想起来她，或许我还需要假设她的心灵同样地感受到了表弟拉德斯托克勋爵的死亡。这虽然并非唯一的解释，但从我角度看来，这可以算得上一个重大的神秘事件。

尽管并不尽如人意，但我依旧得出了这样的结论：理性和道德在梦境中总是处于悬而未决的状态，并且完全由一个人的本性中的原始因素在发挥作用。似乎在梦境中创造力非常强大，充满了活力，可以将记忆中各种要素融合组装夸张进行创造，然而，创造力所涉及的主要是非常原始的情感、形状、颜色，或者令人记忆深刻的名人、重要人物或者激动人心的不寻常事件，或者一波三折的冒险事件等。例如我在一个赶火车的梦里并不清楚自己要去哪里，这次旅行的目的到底是什么。又例如我在梦到盛大仪式的时候，很少关注那场仪式所举办的目的是什么。

对于我们完全有意识地回避大脑创造部分，特别是在观察部分特别急切、警觉地试图去看到正在发生的事件时，这种情况尤其明显，这让我百思不得其解。另外，我也并不明白，为什么在梦中清晰的场景会在醒来之后消失无踪，我们是怎么做到这一点的。假如你能在醒来之后根据记忆重新演练一遍梦中所见的场景，就会发现梦境早已不再是当时的情景。假如你不抓紧回顾梦中的情景，就会立马让这个记忆黯淡下去，并且哪怕你对于梦中丰富的冒险经历还有一些模糊的印象，但在一两个小时后，你就不可能再回想起自己梦中的经历。梦醒后，我完全不能回顾、想想自己在梦中所看到的神奇场景。虽然我可以回想起实际的风景，但在我的幻想当中所看到的风景鲜明的色彩和神奇的形态却再也不能再我大脑中重新构筑出来。

最奇怪的一点事，梦里的创造力似乎有一定的范围和强度，当醒来的时候却发现这种范围和强度也随之消失无踪了。

最后，需要说明的一点是，我所做过的梦本身就不存在任何真实或者重大的意义，更不会从梦中得到任何警告或者预感，更遑论与生活中问题相关的梦，即使最低程度上的相关性也没有做过。

在但丁《炼狱篇》里，有一段描写黎明的美妙诗句，是这样写的：

那个时候，

黎明将至，燕子向我们展现了它悲伤的歌喉，

偶然间古老记忆中的悲伤，重构；

而我们的头脑，更多的来自肉体的漫游，

却很少受到思想的限制，换句话说，

他们在梦中得到了神圣的预言。

在我看来，我们可以象征性地对一个梦进行解释。可以我的经历为例，我所做过的梦似乎完全属于除我本身以外的另一个我。梦中的我是一个快乐、无忧、天真的人，生机勃勃，好奇心很重，同时富于活力，无所顾忌。不论是对未来的展望，还是对于过去的回顾都是如此的令人心满意足，没必要负任何责任或者具备怎样的责任，仅仅享受着运动的快乐是完全无害且友好的。总的说来，梦中的我是一个享乐主义的人。但这丝毫并不能体现梦醒之后的我，这种状态和感觉有时候甚至会让我的内心陷于不安状态，似乎梦中的我更像是真实的我。

第十章

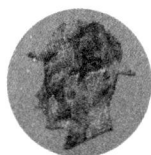

读书和写信是一种享受

一

也许是因为我是职业作家，所以人们在遇到我时，不管是出于善意还是礼貌，往往都会和我聊起关于书的话题。而我却时常发现，因为礼貌与善意的缺乏，我很难在一时之间合理地回应这些"友好"的问题。很多人都认为，只要是读了这本书，就能谈论它了。而实际上，尽管我认识的大部分人都会去读书，但去谈论它们的真的很少。像书籍、图画、音乐、风景以及人事这些都不属于全然明确与有形的东西，它们的价值所在很大程度上都取决于读者、观众、听众以及研究者的心理评价，因此在我眼中，它们都属于难以谈论的事物。

当一本书触动到灵魂的某根弦时，才会产生出真正能量或效果，这个原理就像化学物质与其他物种的混合以后的反应一般，有的没有任何变化，有的却会冒出泡泡或者蒸汽。想要发掘书的价值，我们就得抱着一种审判性的眼光去阅读它，而不只是根据书评或推荐去盲目跟风。对于我来说，读书就像一场战斗，我会在战斗过程中不断询问自己，作者是否能够征服我，他是否会让我赞叹或疑惑，他有没有战胜我。一本书最重要的并不是它的内容或是文笔，而是在这本书中是否蕴藏着一种真实的生命力。书的内容也不仅仅只局限于现实的生活。就像狄更斯那些充满魅力的小说，却似乎和现实没有任何关系。在这里，我想说下关于小说的不同之处，就是当你认为："这绝对不可能，因为与现实太不相符了。"或者是："这与我的人生经历太不相同了，但这的确是存在且具有生命力的。"我觉得，很多人对书籍都太过顺从，很多人看到一本书优美的文笔或者封面上名作家的名字，在还未开始阅读就心怀敬畏，认为这是一本好书了。我所认识的有些作家虽然开始写过一些好书，但后来的作品却毫无价值可言，至于是谁，我就不说出来了。有时候一本新书的面世，其实只是一本内容完全相同的旧书换了一个名字和出版社而已。当写作变成一种机械式的工作，作者也就不会用心创作了。我个人认为，用敬畏和顺从的心态去读书是不可取的。让读者兴趣盎然、心有感怀，使读者感受到书中的力量，唤醒读者心中的灵魂，心随文而动，才是作家最为重大的任务。

不过，我能肯定的是，人们将阅读的好处与裨益过于放大了。阅读只是一种消磨时间的方式罢了，当然，相比起来，充分利用时间的价值要显得重要得多。但我不敢说，浪费时间就一定比不上消磨时间，因为同样有着某种精神存在于前者之中。而对于一些勤奋者来说，阅读无疑是缓解紧张神经的最佳良药。我认识一位非常勤奋的朋友，当他在辛劳一天后却在夜晚失眠的时候，就会在一个小时之内读完一本被他视作"垃圾"的书籍。他这样做只不过是在同自己的耐心作斗争，受一种倔强精神所影响罢了。

可是，有意识地让自己与其他心灵展开一场心神专注的对话，才能称得上是真正的阅读。就好像作家在与人交谈，所有不成熟或拗口的句子都被忽略掉，无数普通的对话组成了这本书一般。问心无愧是作家必须做到的准则之一。真正的阅读必须包含着一种审视和批评的成分，不可能只是单纯地享受。我们的祖先曾认为，只有认真地阅读一些书籍，才有可能成为一个正派的人。一直到现在都还有不少家庭信奉着这种传统，他们认为在早上阅读小说实属浪费时间。我觉得这种想法已经落伍了，要是人们没有真正用心去关注，阅读其实是一件毫无意义的事情，所以对于这种传统观念的淡化，我并不感到有多遗憾。有很多类型的书籍都是值得去阅读的，像历史、自传、科学、神学以及古典文学等。有意思的是，莎士比亚的书值得去认真进行研读，而沃尔特·斯科特的书则不然。此外，为了学习某些知识而去进行阅读，这大部分取决于学习者的个人需求。假如你只是为了对一些当代问题的发展有所了解而去阅读，或者你有着更崇高的念头，想要了解曾经的人们过着怎样的生活，做着什么工作，忍耐着什么，以及为什么忍耐等，那么阅读对于你来说，就是一件非常有意思的事情了。但假如你是为了让自己脑海中的知识如货仓般那样堆积，抑或只是为了自己的优越感和他人的看法，那阅读对于你来说就没有任何意义和价值，甚至会害了你。

在全部无意义的阅读中，在阅读原著之前就去阅读关于原著的评论书籍，是最有害的一种行为。这就好像你空着口袋去关注股票交易；或是躺在床上却惦记着列车时刻表一般。不过，我所说的并不是没有正确的动机就不能去阅读任何书籍。因为任何人都没有去干涉他人喜好或生活方式的权利。可是我觉得，人们模棱两可地认为单纯的阅读是一件有品格或有意义的事情，并应引以为傲的想法是不正确的。因为，阅读和吃饭睡觉在本质上并没有多大的区别，并不是一件可值得骄傲的事情。

这个世界上充满了各式各样关于阅读的愚蠢格言，这个趋势很难有所改变。培根曾说：阅读使人饱满。从某一方面来说确实如此。可我却认识一些"饱满"得令人讨厌的人，将知识硬塞进自己的脑子里，还未消化，就已经自我膨胀到最大程度，人生观都已扭曲。培根想要表达的，其实是一种"大巧若拙，重剑无锋"的境界，能够随时从"书库"中找到自己所需的知识。有很多人都说，除了自己的作品之外，作家便不会再有属于自己的人生传记，这纯属胡说。政治家、将军和科学家留在这个世上的功绩就是属于他们最好的传记，还能流传千古。可是那些真正创作出有价值作品的人才能获得作家的称号。假如一个作家的作品受到了读者的喜欢，那是因为读者对他的人生阅历产生了兴趣与共鸣，才有了这样的想法，以及他在看待寻常事物时用了怎样一种与众不同的眼光。此外，经常会有一些严厉的人——特别是老师——认为阅读杂志是一种坏习惯，因为这无法让读者吸收到全面的知识。可是实际上，这不仅是大部分人所需要的，而且也恰好证明了并不是所有人都能轻松地阅读那些"大部头"。我认为，当代的杂志涉及的题材非常广泛，内容生动有趣，很能吸引读者的眼球，这对拓展读者眼界和激发他们的想象力非常有帮助。

我并没有打算去批驳真正的智趣人生，那是很高尚的一件事情。在曲高和寡的维度生活，当然只能享受最为稀薄的空气。有许多后人觉得有价值的思想在这群人身上流传着，但一般人能够捕捉到的，只是一些最为简单与明确的事物，以及对生活强烈而迫切地感受。那些本性善良却思想混沌的人在这个世界上制造了不少麻烦，他们往往温驯地接受着一些观点，然后对愚蠢而老旧的传统法规进行宣扬；此外，还存在着一些更为愚蠢的人，他们冷漠、专制且缺乏想象力，总是对那些反对他们的人采取压迫手段。对于像丁尼生、布朗宁、卡莱尔以及罗斯金等这些天才们，我们希望每个人都能热烈地感受他们的高尚情怀并有所神往。比起那些心智混沌之人，这些勇敢而热情的天才们会更早地见识到太阳的曙光。但仅仅只是因为这件事是正确的，或者是觉得自己连拉比·本·以斯拉或是维纳斯之石都不知道而感到羞愧，才去阅读学习的话，这是毫无价值可言的。我们固然想看到大众对这些方面有所关注，但却不希望他们是因为这样一个丑陋的理由。我认为在阅读方面的不诚实以及自视甚高，是能够让人接受的最为严重的惩罚。这就好比只是因为别人觉得这样做更好，就去对一种宗教信仰进行践行一样。又好比长期吸食吗啡，或为了精神之火进行捐献，这些做法不但不会使人变得睿智、慷慨，反而会使人对真实的情感及美好的思想有所藐视。因为以高尚的情趣与勇敢坦诚地面对一切才是生活的真正目的，这不仅仅只有智者才能做到，一般人同样可以，这并不是一件难事。有很多生性质朴的人，他们从不阅读，却能坦诚地面对人生，及时改正错误，乐于帮助别人，为摆脱朝圣路上的巨人与怪兽付出自己最大的努力。

所以，我想说的是，以一颗简单之心或直觉的驱使去进行阅读是一件无足轻重的事情。而倘若在做的同时能够怀着迫切与热情的心境，那就像聆听杰出人物的演说一般，会是一件很不错的事情。要尽可能地让自己有更深刻的领会，不能断章取义；而若是出于某种狭隘或不可告人的动机去阅读，那将会使我们更加脆弱与危险。生活中那些让我们自鸣得意的东西，使我们内心泛起了邪恶，对别人的藐视也变得理所当然起来，这些就是最为危险的事情。我们不能因为自己狭窄圈子中的一些琐事而扬扬得意，而是要对周遭那些高尚与美丽的事物有所了解。有一个很感人的故事，主人公是一位到南美洲旅行的人。在一个偏远的地方，这个人遇到了一位年长的罗马天主教牧师。因为老人的身体看上去好像不太适合长时间艰苦的旅程，于是他就问老人想要做什么。牧师带着疲惫的微笑说："我只是想看看这个世界罢了。"旅者问："这个时候开始是不是有些迟了？"老人回答说："是的，不过我会告诉你为什么我要这样做。"

　　原来，老人此前一直生活在一个安静的小地方，在那里他度过了自己的大半生。一年前，老人得知自己身患重病，活不了多久了。他的身体非常虚弱，但他还是微笑着面对这一切，他想着曾经的过往，为自己在大半生中所提供的平凡服务而感到骄傲。当他在思考这些问题的时候，有一个脸上闪着奇异光芒的年轻人来到了他的身边。原来他是一位天使，他问老人还有什么心愿。老人说："我在等待着上天的到来，我已经为他服务这么久了，他应该能让我看到天堂的荣光吧。"可是，天使却很严肃地看着他说："不！你并没有努力去看到他所创造的这个美丽世界，所以你也别期望能在别的地方看到。"说完，天使就离开了。老牧师的骄傲在一时之间全部崩塌。于是，他开始振作起来，他辞去了自己的工作，决定用自己不多的积蓄去感受一下这个美丽的世界。现在，他正走在一个美丽的旅程中。

二

坎特伯雷大主教在 100 年前，每天大概要写 6 封信，也许数目会有所浮动。而现在，有一个秘书专门负责这些信件，每天大概有 40~50 封左右，常年如此。通信的便利有好坏两面。就像我父亲所说过的："按时回信是一个'法则'，我们必须是上天的名义遵循。"而随着人们越来越强的流动性，相互之间的拜访也越来越多，见到彼此的机会也增加了，因此，曾经那种休闲的写信方式，几乎快要绝迹了。大家从当代的自传中就能看出端倪。如今往来的信件愈发趋于商业化，针对性也更强了。曾经，书信往来需要花费高昂的成本，因此在那个时代人们之间的书信往来并不多，书信的内容涵盖了许多现在人们所谈及的话题，最多的则是好友之间思想或见闻的交流。在巴尔斯顿博士担任伊顿校长之时，他曾对那些想请假的学生们说，只有写一封信或者亲自说明才有可能得到批准，他表示电报的速度太快了。对速度的追求，如今已经成了时代的显著标志。如果有人阅读了斯坦利所写的《阿诺德的一生》，就会发现他和阿诺德一样，也是大忙人，学校的工作，要读的书籍，还要设法回复大量收到的信件。 不过，还是会有一些闲客喜欢静静地待着去体会语言的乐趣，他们的回信采用了古代幽默与娱乐的手法，充满了文学意味。

可是，当诸如兰姆、拜伦、菲茨杰拉德或是罗斯金等人的信件被人们阅读时，就会发觉，当代的快节奏生活已经将往昔信笺中所散播出的艺术美感完全扼杀了。消失不见的不仅仅是语言的品位，更是那种为了想要被出版而去用心考量的想法。如今，没有几个人还会在写信的时候像J.A.西蒙德斯一样，用笔记本复刻下信中的每一个字，然后对信中的内容细细推敲与扩充。对于一个忙碌的人来说，有时写信的确会使人感到烦躁。有一位很有威望的教会权贵总会收到非常多的信件，因此他在每次坐船旅行之时都会带上部分信件。但是用来放置信件的皮箱偶尔会丢失，于是有些人在言语间认为他是有意而为的。还有人说曾亲眼看见他在汽船的护栏边把信件往大海里扔。后来，他在报纸上发布了一则通告，声称自己那个装满信件的包不幸遗失了，他希望那些没有收到回复的人们能够再次与他联系，他将感激不尽。此人幽默地笑着说："那些丢失的信件在那时自然都会得到回答。"

我对于写信和回信有着自己的一点看法。我时不时也会有一些需要回复的信件，我与几家机构之间存在着大量工作上的联系；此外，我还会收到亲人、朋友和曾经的学生们的来信；最后，我还会收到全世界各地不同地方的读者寄来的信件，大部分的内容都是对我作品的探讨。因此，我在写信上也耗费了大量时间，对我来说，想要悠闲自在地完成一封回信是极为奢侈的一件事情。实际上，我对写信并不感到厌烦，可是，每天面对着大量信件，不由得会感到迷茫，想要静心去回复的时间都没有了。我一直坚持一个原则：有信必回，并且还要有礼节。这句话可能显得过于高尚了。如果我在酒店或者铁路边遇到一位陌生人很有礼貌地跟我讲话，抑或他只是沉默地递给我一封信就走，我都会视同一律。在陌生人寄来的信件中，总是充斥着各种有趣、友善与美好，有时还有感人至深甚至悲情的故事。我从一些作家对我所说的经历与趣事中，感受了很多与以往不同的惊喜，仿佛在对生活与生活思考中，又有一扇新的大门向我敞开。我还会收到他们的提问，希望能从我这里得到合理的解释。此外，我偶尔也会收到一些批判的信件，里面充满了争议与严厉的批评，当然，还会有失礼而粗鲁的信件，尽管他们都是出于善意。还有一些很有趣的读者，寄信过来提出想要一些复印本的要求。作家去找裁缝或是鞋匠不会只是为了一件外套或一双靴子的，他们只是恰好喜欢那家店的商品和风格而已。有很多人都会想当然地认为，作者手上肯定有不少自己的书，于是想让这些书也能流通一下！就出现了许多恳求的信件。现在对于这些信件，我几乎都会狠心不再回复了，理由很简单：通过深入研究，我发现有许多信件中所说的内容并不完全属实，不少真相都被遮掩起来了。而那些从事文学创作的作者们，大部分时间都得靠着自己一个个辛苦码字，才能赚取微薄的收入。

爱德华·菲茨杰拉德曾坚信一点，就是回复信件的标准必须根据来信的长度来决定，并且每段话都要对应来信的内容。关于这点，我无法苟同。每个人都不该去承受在执行此项原则时所产生的困难。有许多长篇幅的信件，只需要很简短的回答，反过来也是一样。尽管我觉得自己没有必须做到有问必答的义务，但实际上我的确是这样做的，对于我来说，这只是一种最基本的礼节罢了。不过，若是需要将大量时间耗费在这上面，那就太没必要了。

不过以上这些情况往往会造成这些局面，本来想悠闲自在地给朋友们写的信，都被扔在一边。没办法，有时我只得请上一位速记员，将回信内容口述出来。倘若这是一封纯属私人的信件，我会等信件完成后再写上他的名字，这样别人就无法分辨收信人是谁了。信件对于我来说，是没有隐私感可言的，我并不介意他人阅读我收到的或者是回复的所有信件。

我认为评价一封信好坏的标准其实很简单。当收信人在阅读一封信时仿佛能听到对方在和你说话一样，那这就算得上是一封好信。不过，这并不是一封好信的唯一原因，毕竟大脑要比笔头转得快得多。不过，在一封信中是否能体现出写信者的品格，这无疑是最重要的一项标准。有些心智活跃、言语犀利的人，写出的信件却很没趣，而有些却恰好相反。有史以来我读过最有趣的一封信件，是来自于一位年老的苏格兰法警。他总是会将最有意思的幽默点缀镶嵌进他所写的任何信件中，可是在当面谈话时，他却极其局促和腼腆。此外，还有一些人最擅长将最为明显的特点用最简洁的语言表达出来。

我认为，人们写信时的字迹往往都能被辨认出来，尽管曾经那种优雅的书写方式已经很少了。不过最令人费解的是，有很多人在书写正文内容时非常工整清晰，但在写地址的时候却开始变得潦草，而签名则更潦草得如象形文字一般。碰到这种情况，我只能照着信封上的笔画进行临摹，有时还会产生想把这个签名剪下来直接贴到信封上的想法，但这样做似乎有些失礼。我认识一位曾在重要机构担任秘书的朋友，直到现在为止，我都没有见过有谁能完全"破解"他的签名，没有一个人接近正确答案。另外还有一次，我收到一位陌生女人的来信，在她的信件中没有任何关于她是否结婚的信息，而信封上也只有教名与姓氏，可是在回信中她却埋怨我没能正确地称呼她。后来有人对我说，要是再遇到这种情况，就在称谓前面加上"Mrs"，这是最好的解决办法了。

在我看来，那些从来都不回复陌生来信的作家，都是不人道的。我认为能够知道原来远方的读者也对自己的作品感兴趣，是对一个描写人性的作家最大的鼓励，也是让我最为满足与感动的事情。当某本书深深地触动了我的内心，不管是熟识还是陌生，都有必要写封信给作者表达自己的感激之情。

我几乎都能得到友好的回复。在这个神秘与迷惑的世界中，仍有不少黑暗与悲伤的阴霾藏在阴暗的角落里。如果不向微笑报以微笑，不以善言回应善言，总是将手背在身后，不去握那伸出的友谊之手，我的内心将会备受煎熬。在我看来，把陌生的来信当作侵扰或者是无礼之举，就像是一个落海的人却不愿意接受他人扔过来的救生圈，只是因为彼此是陌生人。当然，如果一个作家认为每天回复无数封无聊信件而对工作有所影响的话，他完全可以对其置之不理。因为他认为这样反而可以让自己更用心地工作，去影响更多的人，他所写的书籍中就已经包含了对来信者的回答。不过，若是我有这种困扰，只要不太耗费，我一定会印刷多份声明用来回复读者。不过我认为，在一般情况下，盎格鲁-撒克逊民族在情感流露方面是不太可能"出错"的。如果一个陌生人给你写信，那么他肯定会有一个认真的目的，而不仅仅只是为了自身情感的表达。我记得曾经有一位很有名望的作家总是厌烦那些向他索要签名的读者；我也记得自己和以为著名公众人物共处时的情景。他的秘书在晚餐过后走了进来，微笑着说签名已经派发完了，并将一大包半开的纸张拿了出来。他脸上挂着疲惫的笑容，口中屡屡说着抱歉，然后用自来水笔在上面签下了自己的名字。他告诉我："我都会把签名写到每张纸的最上面，这样一来这个名字上面就不会出现任何字了，只有在人们贴邮票给我回信的时候才会用得上。"说实话，其实我不太能理解他的做法，在我眼里，这样做是将人们对他的尊敬降格到最原始的状态，变成了最不起眼的复制品。

我认为，人们会本能地觉得写信或者回信是一件很重要的事情，付出的花费也有些昂贵，其实这已经超出了其原本的界限。有许多人几乎从未给老朋友或者兄弟写过信，因为他们觉得只要动笔，就得写得非常长。其实这种看法是不正确的。人与人之间友好的纽带很多时候就是因为这种懒惰心理才会被打断的，也正是这种心理造成了朋友之间的沉默寡言。相比起长度或是文学价值，信件内容的本身才是至关重要的。有时候想要维系友情其实很简单，只要在一年中往来几封信件即可，哪怕只有寥寥几笔，可是，这样简单的事情真正做到的人却不多，想到友情因为缺乏滋养而逐渐枯萎，真是让人非常遗憾。

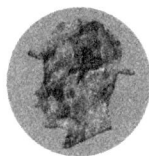

| 第十一章 |

逆耳忠言是不是一种惩罚

一

有一天，我聆听了一篇关于"骄傲"主题的布道演讲，整个演讲语言优美、充满了气势。我听到牧师将骄傲称作是对上天的一种背叛。牧师对于"骄傲"所作的定义则是，不愿意融入普通人，孤芳自赏，一个人独自走在自满的道路之上。正是在这份自我满足与自鸣得意当中，骄傲才得以维系。他认为，骄傲就如同水车引水渠过分自满一样，不愿意将水引入磨坊当中，而每一个豆子都应当经过磨坊的研磨才能做一些有意义的事。在我看来，他的话不无道理。某种孤独感在生活中的萌芽，特立独行，无法做到与别人合作，这一切都是骄傲的表现。至今我依旧记得一位本笃的新教徒告诉我关于不再继续的原因，他满面微笑地对我说："很快你们就会发现，只有我当上修道院长之后，才会成为会员。"这正是骄傲最真实的表现。但我认为，骄傲并不仅仅会如此表现。如果骄傲仅仅指的是任性、违抗或自以为是，也就算不上致命的"罪恶"。假如我们站在另一个角度去看待这个问题，就会发现上天绝不会希望人们以羞赧、粗心的态度或者怀抱着疑惑去做事，又或者不能经受困难、逆境的打击。我们不可以因为坚守原则而感到恐惧，也不能因为他人高傲的态度，而让邪恶、卑鄙与自私等情感随意地乘虚而入。

事实上，骄傲与自满之间并不能简单地画上等号。在我认识的一些人当中，有一种性情谦卑，知道自己弱点的人，可他们却在坚持自己理想的同时鄙夷他人的志向，表现出了骄傲的姿态。可我们却很难将骄傲这种"罪恶"从溢美之词当中区分出来。虽然我们会说道恰当的骄傲与高尚的骄傲，却不会说前者与高尚的觊觎相联系。显然，骄傲正是因为其是一种极其微妙而难以捕捉的情感，自然而然产生，当事人不但会忽略之，甚至还会大加赞美，因此才会认为它是致命的。当在谈论别人的时候，认为这个人高傲、不屑于做一些卑贱肮脏的勾当，其本意也正是在褒奖该人。可能人会因为自身的高傲而更加深自己的骄傲，不屑于从事一些卑贱的事。这是很多肩负重任的人所必须要保持的底线。假如一个人心高气傲，不愿意坦诚自己困窘的事实，逃避因为自己的失败而带来的悲哀，这个人却并非我们所说的"罪人"。

对于这一点，我们都持有认可的态度，显然一个人对于出身、财富表现出明显的骄傲行为是错误的。可人们可以凭借自己所就读的学校，参与的组织、从事的职业或者自己的孩子而感到骄傲，让自己逐渐变得优秀。我们很难让各种骄傲当中所蕴含的东西逐渐被解析出来，并进行功过是非的评价。在我的观念当中，这一点很大程度取决于一个人所持的态度。也即是说，假如一个人意识到自己身处一个优秀的部队，战友们声音嘹亮浑厚，彼此关系和谐，且英勇作战、尽忠职守，因此，一个人如果很荣幸身处其中，并且努力为组织的建设作一份贡献，这是一件值得骄傲的益事。假如他仅仅是因为这支部队聪明、富裕、高素质或者勇猛而感到骄傲，自以为被庸俗之人所羡慕，以能加入这样的部队而自觉增加了自己的声望，并把一些好运看作是自己的功绩，这是一种没有益处的骄傲行为。其实，骄傲是一种对于自身所保持的固执的自满的信念，很容易让人感觉到自己有做某件事的天然权利。同时，对于他人却表现出鄙夷的态度，并且肆意地贬低他人的志向。

这样说来，骄傲是一种妨碍个人得到进步，获取平和心态的阻碍。因为骄傲会让一个人不会妥协，不具有同理心，凡事我行我素。

然而，正如我在前面所提到的一样，之所以认为骄傲是危险，正是因为它很难被当事人所发掘，骄傲往往会变装成为一种"天使之光"。或许骄傲的人能学会为了责任荣誉去放弃很多东西，尽可能为他人谋福利，坦然肯定他人的优点，哪怕这样也很难掩饰他内心深处对于我行我素，以及对别人洞察力、理智和常识的否定。在一些我所认识的坦率、友好、善良、高效的人当中，当与他们在一起相处的时候完全感觉不到他们以平等的眼光在看待他人。固然这些人表现出了十分的耐心与善良、理性，但别人依旧很容易能够察觉他们内心的固执，并且他们依旧很难改掉深思熟虑批评别人鲁莽、意志不坚、软弱或多愁善感等缺点的习惯。问题解决的难点在于：如果甲意识到乙的卑鄙、庸俗、缺乏正义感甚至无法无天，可是甲却不会努力说服自己乙是一个高尚、正义与守法之人，并对他大加赞赏。我认为，如果颠倒黑白将丑陋看作美好，将肥胖说成是苗条本身就是一件荒谬的事。如果认识到自身的某些优点，也算是骄傲的一种表现吗？是否当事人应该为此而感到欢欣不已呢？可事实上，如果某个人意识到这一切，就不能随意对他人的缺陷视而不见，假装一切都是尽善尽美的，这显然是一种虚伪的做法，当我们与人作比较时，会通过认出别人的错误而凸显自身所持美德的优越感，从而带去真正的伤害。那么，随之而来的则是，当事人会选择性忽视自身的缺点。总而言之，我们都不必沉湎于自我夸大缺点的快感当中，尽管这往往只会让人陷入自满的陷阱当中，而骄傲成了最致命的伪装。另外，我们还要意识到一点，自己做事的方法并不一定是最好的，即使可能是最好的方式也仅仅是针对自己而言。

在某种条件下，每个人都完全有权利或义务寻求解决问题的最佳途径。如果他人的办事方式显得更具效率，能够更加完美地完成任务，或者通过自己并不满意或者认可的方式去得到圆满的办法，我们一定不能试图去干涉、忌妒或者鄙视他们。反而，我需要怀着一颗诚挚的心去感激——无论如何，事情终于得到了完满地解决。我们可以用作家作为事例，说明这样的问题。假设某作家在看到某位被自己认为是愚昧、庸俗、廉价甚至虚伪地作者竟然比自己更加受到欢迎，拥有比自己更广阔的读者群，受到更多的社会关注，他必然会欣然接受这一点。他绝不会向这位作家泼冷水，并且称那些作品纯属粗制滥造。他无须抛弃自己写作的梦想，相反可以换种方式认为，别人或许以其最好的方式在写作，因此才能拥有更多的读者群。如果这个人是一位牧师或是老师，当看到某人在其所属领域内表现得更加突出的时候，务必不要嗤之以鼻或者表现出无可奈何的态度，声称这些人牺牲教义以吸引大众眼球，或者放弃严格的标准来迎合大众的品位。同时，也不能含沙射影，他需要为别人凭借自身优秀的表现得到正面效果而感到欣慰。当我们察觉自己的方式为最佳途径的时候，自然就会在心中滋生出骄傲。因为我们一旦有这种感觉，自然就开始通过自己的标准去判断他人，认为人类不再按照上天的指示在进行活动，相反，认为上天必然与自身有几分重合，进而只有自己默许的途径才能成为世界前进的方向。

之所以骄傲是致命的，正是因为其容易让人无视或者忽视自身的缺陷，骄傲的人永远会抱怨他人的愚蠢和固执导致自己的失败，却无法从不幸的灾难当中看到自己愚蠢、懒惰和马虎。另外，这样的人还会用超强的耐心和庄严感去面对，并以此显示自身不可言表的重要地位。在他们看来，这些缺陷瑕不掩瑜，事实上，这些错误不过是本应被丢弃在垃圾堆里的陶片。

如果站在很多人的角度上看待问题，就会发现人生阅历不过是一种不断自我掏空的过程，只会让我们不断回顾尝试，逐渐明白原来自己的能力是如此有限。我们开始因此变得快乐，并且引以为豪，身心有着良好的出发点，自认为自己的修养、洞察力都有过人之处，多数人则会逐渐认识到，很多事情本身并不如想象中的那么重要，我们不可以凭借自己的妄想去改变世界，相反，应该对自己的地位保持一颗感恩的心，因自己还能有所作为而心存感激。因此，我们没有必要为之感到忧郁或者失落，没必要让脆弱的自己在别人面前低头，让消极的情绪淹没我们。我们要明白一点，哪怕自己身处闸门之内，距离天国的诚实还有一段不近的距离。但我们依旧需要关注当前所走的道路，无须惧怕任何恶魔，也不用在大脑中想想自己升华到天国宫殿时候的情景，更不用凭着主观臆断判断一个人是否有进入天堂的资格，又或者看到自己获得胜利而吹响天国的号角。事实上，当人们并不对此持有期待的时候，才能发现自己身处的风信子的阶梯。唯有他意识到自己所做之事遭遇重大的挫折，被遗憾、失望所打败的时候，才能听到迷雾空气当中响起的悠扬的天国的乐曲。

二

　　当听到某些人毫不犹豫对他人品头论足，我对于这样的人，其对世界洞察力保持怀疑的态度。曾听到这样的话，小孩永远能靠第一眼就知道爱着自己的是哪些人，而讨厌自己的又是怎么样的人。另外，所有男孩都是慷慨大方的，而年轻人永远怀有自信，所有女人怀着无私的品质。当然，从这个人的话语中我知道自己不必期待从中受益。越是了解人性，就越是能从中感受到神秘与不可言喻。可是我认为，很多人在停止接受正规教育，踏上社会的时候，都会怀有同样的一种感觉。那时候，我们通过接受严格的考试，对于自己的智力程度和运动天赋都有很深程度的了解。也不再对于自己外在风度不再存在任何幻想，仅仅是一种模糊的想法，将自己放置在某种柔光之下，依旧认为自己魅力四射。可是，近乎所有人身心自己都有属于自己的可爱、高效的一面。我们常常会想，如果我们能表达出自己内心中的观点和想法的话，就会让一切变得合理起来，并且展现了某种魅力。在很多人看来，如果生活在顺境当中，并具备适当的物质基础，就一定能实现真正意义上的高效。没有人希望立即戳破别人的幻想，因为幻想会将一缕阳光投射在心灵之上，假如缺少了这缕阳光，就不能拥有快乐的心境和心满意足的工作。然而，很有趣的一点是，真正自鸣得意的人往往不可能是那些真正才华横溢的人。或许正是因为才华横溢的人意识到了他们最优秀的一面并不那么完美，相反还能从自己身上看到很多缺陷和不足。骄傲并不完全依赖于赞美与掌声，它是一种心态，通常情况下并不会被所有结果与相互比较所影响。可是，哪怕我们并非自满的人，依旧在从事工作的同时，对成功怀有渺茫的期望。正是因为成功并非那些才华横溢者的专属，一般人如果能很好地融合坚韧与圆滑就可以实现成功的理想。在这个世界上，并非所有工作都会要求天赋异禀或者聪明绝顶，需要的仅仅是良好的性格，耐心、勤奋与坚韧的品格。

在我们身上需要负担自身所必须承担的责任，随后走上命运安排的行程，逐渐走进筛选蜕变的进程当中。很少人能够从一开始就好运地拥有良好的开端，得到本不应拥有的任命，一些人因为和一些颇有影响力的人熟识，并能让命运从一开始就变成近乎坦途。可是，对于多数人而言，只有在普通寻常的职位上挣着一份普通的薪资，居住在一个落脚之处。或许多年后我们会不满于此，认为世界并没有给以自己一个公平的机会。但随后你会发现，想要将自己这份普通的工作做到完美却并没有那么容易，需要自己全身心地去做事。刚开始我们不会去奢求什么煊赫的名声，也不会期盼任何好运。于是，随着时间白驹过隙，我们心安理得享受自己的工作、婚姻和薪水，满足于小孩子所接受的教育。虽然之前的我们一直以为自己还年轻，觉得未来的道路充满了很多种可能。但黄粱一梦醒来，已然跨入不惑之年。相比年轻的时候，双鬓斑白，关节僵硬，或许还可能已经秃顶。随即我们就会意识到，过去对于人生、财运一切美好的期望早已不存在，我们不过是普通的、过着平凡日子的默默无闻的人。我们身处的地位，领取的薪资和能力都被身边的人所知晓。自此，心中自然会放弃想要成为别人特别期待的想法。

我认为或许正是因为这种念头的萌生，一个人才开始在肩头放下人生的真正重压。或许这个人再也不会像从前一样有着很多浪漫有趣的想法，就连过去曾一息尚存的欲望也遭到了扼杀。也不再有需要去征服的所谓的"江山"，即使有他也不知道如何去实现。他身处进退维谷、犹豫不决的境地，甚至无法说服自己，哪怕正身处所要做的自己非常擅长的工作当中。他或许能够认真诚实地完成这份工作，但并不意味着他会抱有"一览众山小"的豪迈心情去完成它。

　　或许这时候正是他应该做出真正意义上人生抉择的时候。如果某人足够聪明，性情幽默，且心地善良，就会耸肩微笑，心想即使自己没有任何功绩可言，但在人生道路上却能找到很多美好的事物。或许，拥有的是一个善良贤惠的妻子，健康聪明的孩子，又或者拥有良好的社会关系，无论是与朋友、同事，还是与奴仆都能相处融洽。又或者拥有一个舒适自由的家庭，一两个自己感兴趣的业余爱好。虽然生活中缺少受人瞻仰或者特殊礼遇，也没有很多积累起来的财富或者成为名人的命运，但却身处一个完全适合自己的职位上兢兢业业地从事自己的工作。或许这并没有任何值得吹嘘的地方，但也不至于因此让你郁郁不得志。实际上，他有着自己的烦恼、悲哀与烦恼。或许，这一切终将让他学会如何不去期望好运的降临。如果他发现有必要让自己视野变得开阔，看到远方熹微的晨光，感觉到自己应当去证明信仰的价值，随后也会让自己的生活变得更加幸福。如果他足够聪慧，就会知道默认生活中很多无法避免的烦恼，以微笑面对指责，善良待人。同时，他对待自己四周的小圈子会兴趣盎然，不会一味地希望去结识一些新鲜的面孔。他会看清楚一切，那些一开始就让他感到混乱的闪光与亮光，让他抱有美妙成功的重大喜悦却反过来并非自己追求的最终目的。最后，他就会在一片心平气和当中看到自我的真相。

可有的时候，这样的一个寻求自我真相的过程会让他走上另外一条迷途。他开始会察觉到自己缺少好运的眷顾，对于那些同龄人中取得重大成功的人感到羡慕不已。紧接着，怀揣着满心的苦涩，开始将自己困在自己的围城内，努力编造关于那位担任大教堂教士好友的谎言，也认为那位成为议员的熟人实为只会谄媚的人。他逐渐意识到因为自身的耿直与不加修饰的诚挚态度让自己深陷艰险的命运当中，寸步难行。同时，还会以为这个世界上只有"神棍"与投机者才会受到奖赏。他沉浸在这样的不健康的想法当中，失去了对于生活的热情与趣味，更加追求自身的舒适以及加强对家人的专制。最终，他变成了一个悲哀的被苦涩内心所控制的人。正当他人因为他的无趣而选择疏远的时候，他反而将对方看成骄傲自大的狂妄之徒，认为自己恰好站在了世界的对立面。事实上，他所想的一切都是错误的。

这个时候，我们就会看到其中浮现出来的问题，我们要怎么做去避免让人感到忧郁的局面出现呢？可是，这个问题的答案却并非那么容易就能找到的。对于例如失败者、低收入人群、孤独却不再年轻的女人或者疑心重重的人、命运多舛、身处逆境的人等，这个世界却是如此令人感到沉闷悲哀的存在，而走向沉闷单调的路途却充满了诡诈。事实上，很重要的一个因素却是健康状况不好，缺乏锻炼或者在做着自己不喜欢的职业。其中，最糟糕的正是——失去了希望。当一个人一旦陷入这种情况，就很难从中走出来。如果说有治病的良方，就是在这种情况的萌芽状态就需要开始治理。你首先要明白，正是一种低级的欲望让这种痛苦产生，对于物质上成功以及个人舒适环境的需求带来了这种痛苦。另外，你需要明白凭着冲动去生活，仅仅凭着一味地随心所欲最终只能造成这种痛苦，你需要靠自律来维系，以自身所知的规范去做事。如果有人能够找到治疗人到中年却还愤懑不已的处方，那么这将会是人类历史上最伟大的发现，有的人在宗教当中寻找到了寄托。如果宗教能以最为广泛高尚的词语来做阐述的话，那么你所要寻找的妙方也正是在宗教当中。如果善男信女坚信一切凡人的生命与灵魂都是上天眼中亲切存在，所看到仅仅是皈依所带来的美妙感受和巨大力量，那么结合了破碎欲望和残留理想的人生当中，会逐渐融入平和的力量。因此，我们所要去做的就只有人知道一点，我们存在于世界上的目的正是为了认知并欣赏某些事物。唯有在这种心境中才能产生平和，在累积的财富或是赢得的名声当中是看不到平和的。如果我们不这么做，那么一旦我们遭遇令人感到绝望的悲哀，就会发现根本没有任何让自己能够转移悲哀或者支撑自己的一点力量存在。存在于诚心皈依当中，我们可以看到微弱的欢乐。当心灵展开疲惫的翅膀，翘首以待那守候很久的真理重新降临。从此，生命中每一个瞬间与细节都逐渐变得重要起来，当心灵一切的抱怨归于平静后，这一感知立马闪现在内心中。无论身处任何职位，无论做着多么卑微的工作都已然不再那么重要了。因为我们开始感受到了上天的恩赐，而非他人的赞誉。这条细小的溪流，流过岩石嶙峋的地方与狭隘的航道，悄无声息地融入湖中央的深处，逐渐我们也不再能听见潺潺的水声，也不再看到翻涌的泡沫。最后，我们寻找到了最真实的自我。

第十二章

乐观与欢乐

一

在我看来，上天是冷漠或粗心，又或者是软弱无能的。要想得到和平、快乐和满足，我唯有从人生这个令人厌烦的世界中逃脱。随后，我可以怀着一份乐观的心态去承担黑暗、苦难所带来的最为深沉的重负。

在很多保持乐观主义的盎格鲁–撒克逊人看来，舒适的东西永远是心头所好，哪怕事情并不如预期却也依旧会表现出大度的姿态。即使活泼的盎格鲁–撒克逊人吃不到葡萄，也不会说葡萄是酸的，相反会告诉别人自己根本不想得到它。关于这个，还有一个发生在英国殖民总督的故事。这位总督想要从自己管辖的财政部得到一笔贷款，于是就对财政部长说："部长，请注意，你一定要批一笔贷款给我的这桩交易。"可是，部长却戏谑地答道："嗯，我会尽力而为，但并不能保证能批下来！""但我认为你一定会找到合适的解决办法的。"总督补充道，"我可以直言不讳，这绝对非常重要。"翌日早晨，部长拿着报告对总督说道："正如我之前所说，这件事我不能保证结果，董事局没有批准。"总督正在写着自己的东西，头也不抬地回了一句："该死的。"那之后的一周，财政部长偶遇总督，因为上次贷款的事让他觉得非常不好意思。但没想到这时候的总督却面带微笑地对部长说："部长，很高兴见到你。另外，关于上次贷款的事，现在我想通了，上次幸而你没有徇私，不然这样做的话就会给之后的工作立下了不好的先例，还是按照规矩办事更好。"

从这个故事里我们可以很明显地看出了盎格鲁–撒克逊民族真正乐观的精神。在我所认识的很多朴实的英国人，虽然心里并不排斥名利，也都渴望拥有自己的成就。但一旦失败，即使并不曾失败过，也会满面笑容地说自己为之非常感激。假如自己一次能得到成功，将会是一场毁灭性的灾难。同样，这种乐观的精神体现在了我们的哲学与宗教上。全世界的所有人当中，唯有盎格鲁–撒克逊民族可以驾轻就熟地使用这种满是活力的理论，一笑间将自己失败的情绪抛掷到空中。不论自己的愿望能否实现，他所祈祷的都会实现。哪怕是什么都不稀罕的希腊人也会祈祷，上天依旧会赐予他们一些善意的东西，避免让一些邪恶的愿望实现，哪怕这才是他们内心中真正渴望的。对于精明的古罗马人而言，上天将最适合的东西赐予他们，因为在上天看来，他们远不如其他人那么重要，可是，对于忠诚的盎格鲁–撒克逊人而言，哪怕是自己的祈祷被上天拒绝，也会在一定程度上看作是自己祈祷的应验，不过是一种以曲折形式表现出来的应验而已。在他们的意识里，根本不会出现上天让他们身处悲伤或忧郁的情况，他们无法理解美感可能存在于悲伤之中。

但是，凯尔特人并不是这样的，对他们来说悲伤本身就意味着可亲与美丽。呼啸的悲号着的北风，低飞乌云的泪水，其中都蕴含着能带给他们甜蜜、奢侈的情感。他们认为一些悲伤的阅历也是美好的。对于他们，当人生逐渐趋向终点时，爱必须要承受的责任，而非探究快乐最终的来源。然而，在盎格鲁–撒克逊人眼中，他们的观点永远是病态的。他们认为，当内心被悲伤所笼罩就是一种对时光的浪费，是一种寸草不生的荒芜，这种情形应该尽量去避免、遗忘。在这种日子里，根本不会存在任何神圣的表现，其中充满了悲哀，就像身处崎岖的山道之上，一个人应该做的就是快马加鞭地疾驰。因为唯有这样才会得到自身的安全与欢乐，这是每一个那些强韧且易于满足的盎格鲁—撒克逊人都抱有这样的观点。当诗人的情绪被压抑无法爆发的时候，正是对于"上天在天国，世间井然有序"这种现实说法的印证，可后者往往与日常经验截然相反。如果前者是真理的话，那么对世上苦苦追寻上天所在的人而言，并不能得到任何安慰。当时，勃朗宁认为这个世界本意就是强烈而善良的，他仅仅是加剧了这种已经在剧烈消退的乐观情绪的消亡。对于很多人来说，这个世界不存在任何特别存在的意义，仅仅是很少人能够真正理解这种善意的表达，虽然这会违背日常生活中的一些可感知的经验。不过，对于一些深刻而惊喜的事情，或许正在期待我们的到达，也正是我们所渴望的景象吧。

如果站在我的角度看待这个问题，随着年龄的增长，我们更加能够看清人生，明白人生远比自己想象中的更加复杂，让人迷惑，甚至更加可怕。如果我们用一个比喻来说明这一点，我坚信这并非一个可以耐心接受教育的过程。我认为这更像是一场半球游戏的游戏规则。如果你走到三柱门前就会得到一次机会，而那些最为勇敢，富于耐心的人却可能在刚开始的时候犯下一个错误。这也即是意味着，这场比赛从一开始就注定了以失败告终。但对于一些羞怯、胆小的人来说，却可能得到一些意外的好运，能够继续在赛场上留下，进入比赛。他们清楚自己的心灵处于一个正确的方位，两眼正在看着对手的情况。

或许这也正是生活中的一个可怕的真理，刚开始的时候，粗心的人或许不会受到处罚，但有的人却立即遭受严厉的责难。在学校里，如果一个学生无视一切规则，无论这些制度来自人为，还是精神性的规则，但最终他依旧可以不带任何污点地走到社会。可是，另一个羞怯、善良的孩子却可能因为刚开始一步的错误，导致之后的人生始终在阴影当中走过。事实上，学校教育也在强调这个世界的不公，可是对于这种不公却从来没有任何实际措施。甚至某些校长还会压迫一些软弱的学生，并非约束那些狂妄的违规行为。

　　但是，当我们站在更宽阔的世界角度上再看这个世界的时候，我们将会得到什么样的风景？随处可见的不可言喻的现象。我们或许会看到一个天真无邪、美丽无瑕的女孩，不断遭受持续、痛苦的疾病的侵扰，这种责难对于一些强壮、满头银发的罪人而言难道不是更适合吗，因为这些人手中沾满了血污。又或者我们还会看到一些降临在英勇、富于正义感的人身上，虽然这个人乐于助人，且有着妻子儿女的信赖，却在人生的某个阶段被击败。然而，如果我们换个角度去看，我们还会看到一些卑鄙、谨慎的罪犯尽管有个人的私欲、狠毒却过得心安理得，安然地享受着物质生活。当任何人在与这些人进行交谈的时候，都会看到双方之间存在的隔阂，假如大胆询问他们对世界有何有益的建树时，将会从他们的话里听到那些好人所经历的灾难不过是一个个的意外罢了。

　　按照常理来说，勇敢、心地纯良的人都应该得到褒奖。相反，怯懦、污秽的人都要得到惩罚。我们或许经常会以这样的观念来安慰自己，但对于那些例外而言，却全然将一切寄托在全能、公正、仁慈的上天身上，这其中并没有太大的周旋空间。我们经常听到道德家们所说的："正是因为性本恶，所以才会为自己招致这样的痛苦。"这完全是一个毫无意义的回答，正因为这些黑暗阴影压迫在一颗无法承担的心灵上，他所唯一能做的就是为一些不值得的东西感到悲哀与痛苦。随后，他们将自己陷入更加深沉的黑暗当中。我们对于人生或许也会保持这种爱意，我们天生被赋予了追求幸福与爱的能力。假如我们最后看到，痛苦与损失也同样带来幸福，那么我们也能愉快地承受这一切吗？并且，单就现在的情况来说，这种前景并没有在我们身上得到印证。

然而，我们依旧活着、笑着、渴望着、忘却着。我们安然地生活在平静当中，习惯了身边友善的同伴。有的人会认为，逝者如斯，生者只能相互依偎，强忍着痛楚，高举光明的火炬。一位朋友曾说过，这是如此的病态，如此的自我折磨。但这就是我们的生活，我们无法做出任何改变。既然如此，我们为何不去享受，而偏要忍受痛苦呢？我们无法摆脱这种思想的困扰。我们也需要做一些事，在我看来上天是粗心、冷漠的，或者说是无能软弱的。我要想得到和平、快乐、满足的生活，要做的就是从这个世界当中离开。随后，我就可以怀揣着乐观之心承受黑暗或苦楚所能带来的最为沉重的负担。我坚信唯有死后才能够摆脱阴影的笼罩，得到某种安静、力量与爱，这也正是我们无时无刻所渴望的。当太阳普照在大地，身边有好友陪伴，风中携带着从树林中带来的风信子的香气。身处这样充满安静与甜美的环境中，我将会误以为自己生活在上天的爱与温存当中。但当我在清晨惊醒的时候，内心因怀念爱人而饱受苦难，或者撕心裂肺地呐喊，最终堕入对于死亡的恐惧当中，这个时候我看到这世界上一切美好的场景与镜像都吟唱着丑陋、黑暗的一面。我认为，这或许正是因为我们都身处某些冷漠、难以理喻的规则当中，在其中我们的幸福与心灵的和平得不到关注。在这片盲目、愤怒的地狱当中，我们继续生活着，因为自己的痛苦让别人得到了快乐。这也正是最为黑暗、恐怖的时刻，可哪怕如此，我们却不得不继续生活在这个世界上。

在我心情舒畅地在写作的时候，就会看到碧草连天的、长着青葱绿草的牧场上，有着一棵棵高耸入云的栗子树，正在阳光下摇曳，表现出一副沉稳的样子。同时，还会看到一直在果园隐蔽处高歌的画眉，这是一片让人感到无忧无虑、心旷神怡的美景。可是，却是因为我此时此刻依旧还活着，才是真正让我得到满足的原因。回首往事，我会发现自己也曾经拥有过很多美好，哪怕物是人非，我已经不再拥有那一切。但当这个念头浮现在我头脑中的时候，我会听到远处荒原上回荡起古老教堂的钟声，我才意识到我一整天的时光已然淹没在了迷离的往事当中，假设我能够从一些痛苦、悲伤的时光当中汲取一些力量或某种耐心，我的生活或许就不再那么艰难。可是，痛苦的回忆却让我更加惧怕痛苦，恐惧打击的再次来临。过往悲哀的情绪让我对未来的痛苦显得更加局促不安。当一切尘埃落定的时候，我情愿自己能够选择某种力量，而非沉浸在安宁当中。然而，正是生活让我意识到了自身的软肋，也正是它让我们变得手足无措。

我今天骑着马，前进在一片长满金凤花的草原上，在草原四周环绕着一条清澈的小溪。碧绿的树叶长在树上，可只见橡树与胡桃上依旧停留着锈红色的树叶。一阵来自山楂树篱那里的浓郁的芬芳随着风飘来，在那里还有一只躲起来欢快歌唱的布谷鸟。一座年久失修的水磨坐落在小路的拐弯处，如今却依旧能听到水磨齿轮转动时发出来的摩擦的咕哝声。突然，从花园里探出来一株淡紫色的丁香花，将自己的芳香散播到空气中。可就在我一路前行的同时，心中却充满了沉重的不安，并且正深藏在内心深处，玩着捉迷藏的游戏。

四周环绕着美景与动听的声音。通常情况下，我如果与安静闲适的人待在一起，就会暴露出自己躁动不安的内心，并从沉静当中得到慰藉。可事实上，结果却并非如此。我认为，此情此景无疑是在残忍而傲慢地嘲笑、嗤笑着我。不知道从什么时候开始，我的思绪被收了回来，回到那间我曾经读过很多美好时光的老屋当中，可那里早已易主。我依旧清晰地记得，在某个安静而有趣的聚会上，在夏日温暖黄昏的笼罩下，我独坐在台阶上。从树林里传来猫头鹰杂乱的叫声，它们互相吹着号角，悄无声息地在飞翔着，将和平的调子散布在草地、栗子树间。放眼望去，四周尽是晶莹闪亮的草原，在港口灯光的照耀下，海岸是如此惨白，却又汇成了一幅美丽、安静的画面，这一切是如此的让人不可思议。可我心中依旧非常明白，哪怕是在那种时刻，我也一定会被失落、烦恼与恐惧所困扰。无论那些早已变成回忆的烦恼是如何的微小，在某个时刻早已消失殆尽，却依旧会在未来突然显现出来，恐惧的阴影也随之来临。假如允许我给它做一个定义，那就是我们所要面对的阴影。

在现实当中我们能否找到忘忧泉？从那种让人焕发纯洁与力量的泉水中，我们再次看到快乐，也从而得到镇静与勇气？这或许也正是每个人所必须经历且回答的问题。从我的角度看来，我们有的时候能得到这样的力量，但有时候却又会失去它，假如我们因此觉得非常忧虑，这是非常愚蠢的。然而，这也并非可以避免的事。如果世界的美好与欢愉能让人在黑暗的日子里确信能看到光明，那么人生的旅途也不会如此多舛。可人们怀有这样的想法，就真的可以变得快乐吗？事实上，人是可以实现自我控制的，可以独自面对痛苦却毫无怨言，甚至还会讲出一些深刻且勇敢的谚语。之所以那样，是为了不要打扰别人的平和，平心静气地在等待着上天的眷顾。然而，假如在孤独的心跳当中，心智是否会将悲伤错认为是真谛？假如某个人从自己的阅历当中得到结论，以为世界的灯火似乎会在悲伤之下逐渐熄灭，例如健康、美丽、快乐等情绪也会随之消失。那么，是否这会引发人们的疑惑：难道悲伤并非最为真实、现实的感觉吗？当面对死一般的寂静时刻，任何东西降临到我们身上，都会变成恐惧、痛苦的化身。当我们以为自己终于找到真理的同时，却会发觉不过是多找到了一个痛苦的根源，唯有我们回答痛苦这个问题之后，才可能找到距离真理最近的存在，这个最让人不安的存在。曾经，我甘愿让自己沉陷在绝望的深渊当中，可事实上，我的理智却在不断告诫我必须要去承受。因为我无法逃避，无论有多么深刻的绝望，我都要去坚守、信赖自己的信念。

接下来，我们要怎么样去寻找希望呢？答案正在此时此地。我们往往会通过一些人类之间的相似点来刻画上天的模样，通常我们想象上天正是一个能够随心所欲将泥土捏造成形的陶工，或者一个能够左右国家命运的政治家，又或者是一个天赋异禀的艺术家。可这一切的比喻或者比较，都并没有将一切逻辑理顺。因为任何人并非来源于创造，仅仅是在按照自己的意愿在做出改变。假如失败了，正是因为一些自然的法则在干涉我们实现伟大的志向，让理想消失无踪。我们所谓的上天无所不能的本质在于，不仅包括自然法则，以及世间万物都是由他所创造的。所以，在我们已知范畴内的邪恶，上天难道不应该对此有一定的责任吗？难道上天也无法处理这些并非源自于自身的无法控制的事物吗？任何思考都无法将我们从进退维谷的境地当中解救出来，只有坚信自己所认可的邪恶并非实质上真正的邪恶，其中隐藏着美好。只有这样，我们才能脚踏实地地开始从深渊当中往上攀爬。

我们的内心深处或许会强烈地感受到自身的幸福，哪怕希望被击败，我们依旧可以迅速遗忘不幸，牢记那些关于快乐的回忆。随后，我们可以看到这世上唯一绝对永恒与强大的事物——爱的力量。在这一份力量的推动下，我们终于有了战胜任何已知邪恶的勇气。假如有人问我，世界上还有没有任何永恒且具有无往不胜的力量的存在？我的答案将是可能还有——上天的心跳。我们坚持认为，死亡终究会降临到我们身上，在我们游离不定的双眼模糊地看到周遭一些让人尊敬却又感到悲哀的面孔的时候，总感觉到自己在不断地放弃着什么。死亡的侵袭正湮没了我们的脚踝，最终阳光也会逐渐消失。可哪怕如此，我们依旧相信会在高尚、勇敢、纯洁的地方看到爱在守护着我们，其中并不存在任何卑鄙、羞怯、肮脏的情绪。

这或许正是唯一值得我们追寻的乐观，但并不意味着我们不分青红皂白地把人生的黑暗扫荡干净，相反，我们需要一种勇气让我们敢于面对人性中最令人感到痛苦的事物。就好像珀尔修斯一样，能满面苍白地从阴暗的地狱回来，身后跟随着一身烟雾，宣称自己身处抑郁的边缘却依旧能看到希望的光彩。

随后，人们所期待的正是一种对于事物所采用的更加宽容的乐观态度，并且这种态度将一切最糟糕的方面纳入自己的视野当中，而非双眼疲劳的人所瞥见的乐观。数日之前，在我阅读一本切斯特顿所写的关于狄更斯的饱含启发性的杰作的时候，这位被称作是本时代最高产的评论家认为，正是因为积习难改的现实主义作用，现代社会才会产生更加明显的悲观主义倾向。在他看来，如果对比现代小说与古代英雄故事就会发现，我们经常会将一些优柔寡断的人看作是故事的主角，并将其中一个卑鄙无耻的角色看成是"英雄"。而我们应该将人类的潜能总结得到一个更加宽阔更具活力的观点，让我们的双眼不间断地落在更有活力且更慷慨的任务身上。然而，这种做法终将带来一种丑恶而非哲学的乐观主义。甚至连上天也会对这种乐观主义保持鄙夷的态度，同时人们也会用轻蔑、愤怒的姿态去看待其他脆弱、庸俗、下流的事物。仿佛寓言故事所讲述的故事一样，某人利用他人忘记巨额债务去敲诈一些实力低于自己的人。如此，悲剧终将会产生。总而言之，在这个八爪教士清晰的视野与活跃的思维活动当中，自己与原本想要变成的状态相距甚远，自己原来是那么懦弱、懒散、悲哀，却总也无法跨越那些鸿沟。我们唯一能够创造出英雄的途径，正是让自己相信，也让人们相信自己拥有上天的荣宠，而非自己卑鄙、无情的手段。假如某位教士的心灵是软弱的，又或者走路的时候是八字腿，这并非他过错的所在。任何拥有价值的乐观主义都不可能将卑鄙作为歌颂的目标，同时对万物还会怀有一种悲观的感情，最后能实现一种良好乐观的心境。

有一个关于年老的牧师的故事。故事里，牧师的女儿身在远方，饱受疾病折磨，命悬一线。于是，牧师写下一封安慰生病女儿的信，在信的结尾处他写道："亲爱的女儿，你千万要谨记，凡是源自于地狱的磨难都是上天仁慈的表现。"实际上，假如世人对于上天创造万物的目的有所认知，并将地狱看成屈服于上天巨大能量之下的屈辱俯就，并将上天看作是少数人心中能让人得到救赎的正常目的地的所在，那么，人类将可能会从无数其心目中所认为的获得救赎的灵魂中寻找到快乐的踪影。然而，这同时也是一种抑郁的观点。因为这种观点忽略了人类心灵对于幸福深刻且普遍的观点，相反，建立起了一种对于造物主恐惧的观念，将其视为自己遭受不幸的来源，让所有人徜徉在痛苦命运与恐惧的海洋当中。

实际上，我们需要面对这样一个现实的问题：我们有时候对于任何迟缓、焦虑的事会显得麻木不仁。我们仿佛小孩子一般，在开始面对痛苦的时候，无法看清痛苦真实的存在。但一旦变成一种长时间的痛苦，我们就意识到痛苦成了所在世界仅存的事物，并且失去了对于所有事情的信任。同时，我们还要拥有面对这一切的勇气与果敢，仔细分析人性中最恶劣、脆弱的成分。

当然，有一点还是需要我们注意的，那就是无论是在最恶劣，还是在低等的人身上我们都会看到其追求高尚与幸福的微弱光芒。如果人们能看到这些微弱的光芒，就一定会去主动撷取。

关于"乐观"的问题，我在几天前有了一个直观的体验。那天正好是银行的休假日，我正在沿着城镇的外环散步，只见大街上人群拥挤。在我看来，当看到一些年轻男女的时候，就会发现自己内心无由产生一些深沉的忧郁感。因为这些年轻人正在享受着自己的人生，安心享受当前的时光，其中最令人感到惊讶的却是，他们正在毫无避讳地享受着自己的人生。少女们正在不断地窃笑着，有意无意中向路人抛媚眼。同时，少年们则非常聒噪、喧哗、没有礼貌，总是在作弄路人。他们相互推搡彼此掉进水沟，或者绊倒一个正在骑自行车经过的人。当看到对方满身泥泞，或者周身破烂的时候，不仅不会为此感到愧疚，反而还会发出嗤笑。在他们看来，似乎能从别人身上找到快乐的源头，并且将自己的快乐建立在他人的痛苦之上，以喧闹作为快乐的标识。

除了年轻人，还能看到在大街上举止亲昵的年轻情侣，双方脸上泛着红晕。另外，还能看到一对年轻夫妇带着一个因为身上穿着厚重衣服而变得身形笨拙的小孩，同时他们还在问着一些愚蠢的问题。偶尔，还会看到一对年老的夫妇和他们已婚的子女们快乐地走过去。从我的角度来看，年轻人唯有学会关爱他人，才能感受到"己所不欲，勿施于人"的快乐。

然而，无论如何，在相互纠缠的感情当中，温馨的乐观主义不禁产生了。在走出城区不久后，就要经过一座矗立在宽阔草原上的水磨。在其上方，有着一棵高耸入云的高大榆树。在青草丛生的草地上，有一点点金黄色的毛莨点缀其中。在大池塘中，圈圈水波荡漾。一座古老的宅邸突兀地坐落在一片紫色的丁香花丛中，坐拥一片美丽山形墙面。在这一片美景当中，就仿若饥渴万分的时候，喝到一杯清甜的甘泉一般，让人禁不住想要放声赞叹。在如此美景当中，早已不见悲伤的踪影。碧绿色的草坪环绕着城镇的四周，低矮的房屋分布在街道的两旁。一排排褪色的铁轨分布在火车站的附近，地板上满是煤渣，还有一些喷烟的引擎。这一切的场景，逐渐浮现在我的眼前。

可这种安静祥和的生活逐渐被侵蚀，或者说在城镇生活的人到了乡村后会感到悲伤，这一切并非真正意义上的悲观主义，而是一种因为想象力缺乏而产生的悲观，仅仅是个人性格偏好作用的结果而已。或许这不过是一种过时的观念，我们的祖先十二代人一辈子都是约克郡的自耕农，自然我的心理也会产生那样的偏好，或者这本身就形成了一个遗传的基因。然而，关键点在于这并非一些哲学家所喜欢的性格，不过是属于个人的偏好罢了。我认为，唯有自己喜欢的时候才能感到幸福的存在。假如我并不相信欧洲社会所拥有巨大进步，先进的文明和高速发展的通信，以及喧闹与紧张的生活方式、各种社交活动，那就不会对统治世界的力量感到乐观。人性在执拗地走向迷途时终将走上毁灭的道路，但我并不认可这个观点。我更倾向于去相信，我们必须要在人类范畴内挖掘人性的一切可能性。假如安静的生活正是人类最终的归属，那么在宁静的乡村或许能过上这样的生活。

可那些准乐观主义者却依旧面临一个问题：人性是否会变得更为高尚、明智与无私呢？弱者能够平等拥有同样的权利，人与人之间充满了兄弟情谊，活力的思想，勃勃生机溢满生活的每一处。逐渐，这种民主的力量得到了成长，或许会阻碍某些人。但这不过是我们的一种期望，也仅仅是一种遗憾的所在。某个人的思想如果过分悲观，那么这个人就需要严肃地扪心自问，他的悲观是否在某种程度上被自己对自身幸福的希望所控制？如果一个人无所希望，也无所追求，不去追求不朽的名誉，无法延续对个体的认同，那么在未来，他必然会看到命运之上堆满了黯淡的影子，自身也会被痛苦与难以治愈的疾病所折磨。但，这个人或许正是在人类未来的问题上沦为一位彻底的悲观主义者。

事实上，作为道德与情感蔓延的一个最有力的表现是，愿意为他人利益而牺牲自己的利益的人正在逐渐增多，这些人会为了保证整体的利益而忍受个人的痛苦。在现在流行的悲观主义看来，这仅仅是一些自我主义者与个人主义者的悲观主义表现而已，这些人并不在乎日渐流行的思潮，这一切根本无法将任何利益带给他们。所有人都无法让对个体认同的扩展成为一个既定的事实，因为关于这个问题，他们并没有掌握任何所谓的直接证据。相反，多数存在的证据却正是反对这种观点的明证。现实生活中，这种信念的基础正是人的本能与欲望。无时无刻，每个人都无法赞同这一点。然而，他们依旧坚信这是现实，并且依旧存在这样的希望，怀着慷慨与真诚的心态通过自我意识作为媒介，对于自己所品尝到的东西，体验到的美好、令人惊奇的人生旅程感激不已。人类与万物都有联系，无止境的渴望存在于人类的情感当中，虽然尽管自我意识也会存在减弱的时刻，但自身仍能成为一个全新的人，将无尽的光芒赋予他所生活的充满活力的世界当中。他们将会像生命的机体一样，无限接近自身并在这一切事物的精华当中，通过融合并而获得新生。哪怕是在饱受痛苦的挣扎与焦虑之后，人们依旧没有失去深思熟虑、将自己置身于上天巨大意志的怜悯之下的能力，并且，将这种促使自己不断前进的思想作为一生的珍宝看待，在高尚、令人肃然起敬的思想当中修正错误、弥补过失。同时，人类还不断地与痛苦、邪恶作斗争。或许我们作为后人能在某个遥不可及的未来日子中，让身体与灵魂都与自身紧紧相连，在一片平和与宁静中感知生命的真谛。这样看来，我们不过是在暂时或者间断地拥抱着心灵的平和。

二

苏格拉底不存在任何个人的野心，将一切忌妒与毁谤抛诸脑后，将自己一颗本真的心用来观察这个世界。在他心目中，这是一个充满光明与勇气、充满着有趣的思想和悬而未决问题的存在。

另外，阿诺德博士也认为，校长在孩子们面前所表现出的高度机械呆板的精神，是一种令人沮丧的行为。或许对于孩子来说，得到欢乐仅仅是还在健康与年轻状态之时所必然会得到的结果，它不需要任何原则、情感、自我节制，甚至也不需要任何的怜悯。事实上，我不得不坦诚，在我还在担任校长的时候，这种"特殊"现象的偶然出现确实是令人感到相当沮丧的，有时这一切又会将慰藉的感情传达出去。正当人们被沉重的焦虑或悲哀打败的同时，任何事物都无法将自己的兴趣激起，这一切也往往让人倍感沮丧。另外，这也是一种安慰，因为这或许会让人从烦恼中解脱出来，一如对于田园生活的描写的短诗所述：正当一位妙龄少女在安慰一位悲伤的女王的时候，"含糊不清与毫无顾忌的言辞，在让她感到高兴的同时，也感受到了身不由己"。

在人们看来，没有人有权让天真烂漫与自然欢乐的心怀因为自己的焦虑感而受到影响。于是，人们尽量让自己与自身所专注的工作区分开来。可这样做必将会导致，那些原本在心底占据一定地位的事物，最终变得无足轻重。

假如人们能从自身的阅历当中，找到某种独立于一切本能的快乐，彼时也正是意味着就可在表面上得到了平静的欢乐。这一切根本无法通过锻炼得到。经过锻炼后的情绪，几乎可以在任何事情上成为一面盾牌，让自己避免受到困扰，防止自己不满的情绪传染给他人。然而，在一定程度上，这确实也是琢磨不透的，一如某些人身上残存的一些难以压抑的"动物精神"。这种抑郁的精神本身就具有传染性，我们无法去掩饰它的存在。或许这一切对于天性忧郁的人而言，是可以尝试的最实用的存在。查尔斯·兰姆也曾做过这样的描述，面对自身所具有的阴郁性格需要用幽默感和自我解嘲来开解。约翰逊博士也说过，假如一定要让有的人滔滔不绝评论世事，那么需要让他在内心深处确保有着正确的立场，并且还需要有着某种虚无缥缈的感情。

可行性在这种哲思式的乐趣当中，俨然成了一种基于喜怒无常的事实，这终究是某种终极的希望。某些人拥有让人惊讶的坚持，能够看透并越过现有烦恼，并用未来许多美好的愿景让自己得到安慰。在女人身上这种情况尤其常见，因为女性从周围的人群中得到比男性更多的快乐。通常情况下，女性更希望自己周围的人能感到快乐，哪怕自己并非如此，但对于男性却并不如此，他们并不喜欢自己的情感被周围的人所感知，当所有人感到非常欢快的时候，他们也不会因此感到快乐，反而觉得这是一种侮辱。

同样，有的人或许会比他人拥有更为强烈的自我优越感，并且在其中自得其乐，感到非常满足。其中一位我所认识的饱受痛苦的残疾人，就在参与公共聚会的过程中得到了快乐。努力地从床上下来，在各种聚会上现身。在我看来，他或许正是以为自己的这种行为是一种强大责任感的表现，并以此来让自己得到慰藉。他努力从参与这些活动中获得乐趣，这也成了他为之努力的真正动力所在。事实上，这也正是我们大多数人坚持履行职责的动力源泉。我的意思并不是指他有强烈的虚荣心，虽然他的"敌人"总是以这一点来指责他，但他却能以非常自然的姿态出现在公众场合。他所承受的痛苦在于，他需要无时无刻地注意在这些场合的过程中，移动双手，以及脸上挂着的僵硬的笑容。关于后者，如果是一个自我优越感极强的人的话，一定会试图去忘却自己背后所遭遇的不快，并避免这种不雅的举止出现在自己的脸上，从中得到快乐。当然，我们也不能否定这种坚忍积极的一面，可是我所要追求的确是更加高尚的品质。在这位朋友的努力当中，我总是能看到一种自我主义的动力，这些人坚信参与公众活动最适合自己，并且自以为非常杰出。但事实上，人们最渴望能得到的却是一种更具怜悯的品格，关心别人、激励他人，最终让自己所遭受的痛苦相比于他人从中得到的快乐无足轻重。

当我们面对一些身体遭受严重损伤的人时，根本不能放弃这种观点。在我所认识的一位长期都保持乐观心态的人，即使会像普通人一样忍受着痛苦与令人烦恼的抱怨，但在他强烈的乐观天性与善意作用下，一切埋怨都无法让他变得垂头丧气。其实，相反，这将为他带去了很多慰藉。对于一些人而言，唯有在孤独中才可能感受到真正的痛苦，这些人需要将一切精神的能量集中在某一点上。但在另外一些人看来，社交不过是又一种有趣的心灵消遣方式罢了。但这些人却依旧沉迷于这种娱乐方式当中，将此作为一种对于烦恼的逃避方式。在我看来，所有人都将经历这种心灵上"神奇的反叛"，换句话说，他们正是在用欢乐的精神抵御身体所遭受的痛苦。我曾在一段时间里遭受了一些并不非常严重，却会让人感到极不舒服的疾病，但我却在那时候发现自己的快乐并没有因此消失，相反，还会因为身体上的病痛而变得逐渐明晰。实际上，很多严重的疾病成为人们心理压抑的一个重要诱因，相反，很多微小的疾病却能将人类本能的渴望带给人们。

我们通过不懈的努力，是否能够自觉地控制自身情绪，到底是怎么样强大的动机让我们能够鼓起勇气摆脱悲伤与痛苦的纠缠？良好的举止或许能够为我们提供很多最为实用的帮助。某些从小成长在富于教养的传统的家庭中的人，通常都能轻易地控制自己的情绪。或许，在心情舒畅的时候，他们的行为偶尔会丧失一些自然性，但他们感到十分欢乐、自然，从中散发出活力。当这种情绪转变成为沮丧的时候，他们依旧会不动声色地保持表面的礼仪与周全，不会表露出个人的情绪。我曾与一位著名的公众人物保持着相当密切的关系，他本人的内心非常抑郁。但他却告诉我，正是与一些知名人士共同身处社交聚会当中让他感到最为痛苦，当他表现出让人持久的敬佩风度后，却让自己的内心陷入无法挽救的绝望、忧郁与疲惫的心态当中。然而，他在通过自身一系列的果敢努力之后，依旧能在日常的生活或者家庭的生活圈子当中表现出一如既往的礼貌与周到。

对于有的人来说，他们会选择以强化对某种宗教的信仰的方式来控制情绪。然而，这种特殊的胜利却也会产生非常糟糕的一点，就是这种通过磨炼得来的耐心的宗教态度，往往会令人感到万分沮丧。在这种过分拘谨、镇定的态度之下，生活自然也就无法看到无邪的乐趣。假如将极富耐心、温柔的一面在痛苦的过程中展现出来，那么，周围的一切也将会随着你的心境在变化。这也就要求年轻人利用热情奔放且丰富的感情去对待生活，从而得到一种神圣的宽容。对于这种很多人称之为"圣人"的性格，往往会失去幽默的特质。对于生活，往往看得太过重要，不允许任何懈怠，也更不会从中看到半分乐趣所在。可事实上，这企鹅却成了健康活力与强大的表现，但这种理念当中却不曾包含这些乐趣。所以，我们才在这种生活气氛当中看到了压抑、缥缈与难以接近。

　　某天，一位颇具某种类型美德的牧师年轻的侄子在我面前说过这样的一段话："恕我斗胆这么说，我的叔叔是非常难以让人忍受的，除了家庭中有人过世，他的行为往往让人很难接受。"他沉思了片刻，又随即说道："在他眼里，似乎只有死亡才是人类真正感到满足的东西。这可谓是一种遵守信条的最糟糕的情况了。与其想着将情感充满了整个天国，不如踏实地生活在地球上。假如某个人不爱自己的兄弟，那么，怎么能亲眼见证上天的存在呢？"这是一种对于我们自己哲学观念的鄙视，在还未明确自身是否能真切地感知某个并不熟悉的领域时，就会无端地去猜忌、疑忌。纠结于这种观念的节制，而非践行在苦行的生活当中。

　　关于生活的问题，苏格拉底所应用的方式成了最让人羡慕的理想。他也许仅仅是一个被过分理想化的人物，却也包含了很多真正存在的特质。我们在看到那个奇特容貌的老者时，他依旧保持着心灵的达观与豁达，内心不断涌出难以抑制的兴奋、情感、幽默、礼貌。他偶尔还会对周围的年轻人采用非常温柔的方法。当在这些人的心中产生火花，并因此做出一些被我们看作是"戏弄"的行为，例如穿着仿佛暴怒之人一样，又例如在回家路上经过一个阴暗的角落时，总是会来到苏格拉底面前。对此，苏格拉底并没有表现出不满的情绪，相反会和他们畅谈，尤其是关于如何节制方面的问题，非常投缘。当酒徒一个接着一个地从酒会倒在桌下消失时，苏格拉底非但在享受着自己的美酒，还能将这些酒放入冷酒器当中。这时候，他会发现在即将要熄灭的篝火旁边堆满了玫瑰花。等到清晨的时候，他依旧能够愉快地坐着，与人们谈论高等数学。似乎他从不曾经历过任何悲伤与遗憾，哪怕生活已经困窘不已，妻子也并不贤惠，却也没有让他显得局促不安，也不会兴冲冲地去做任何特别的改变。相反，他往往会在一片闲适当中与人进行交谈。他参加过军事活动，却对军旅打仗的生活持有无视的态度，眼见周围的士兵有如惊弓之鸟一般，却生出了一份孤独失败的感情。就像亚西比德所说的一样，苏格拉底能做到在最后的灾难降临时，以极为幽默的语言为自己的死刑作辩护。他一生当中毫不在意那些对自己的诽谤与误解，可究竟是什么原因让他在死前做这样的辩护呢？临近人生最后一刻的时候，苏格拉底俨然是一位能平静地保持礼节的人。他一生都在这个世界上生活，也度过了漫长的一辈子，是什么让他恐惧被世人所遗忘呢？如果加诸威严的想象，假如现实中的苏格拉底是一个粗野与单调的人，那么他仅仅是一个因为不被充满活力的雅典文化所容忍而被处死吗？显然问题的答案，已然无关紧要了。

他一生所保持的人生态度远远要高出那些在高度教养环境下成长起来的态度，也好过苦行僧所持的人生理念，自然也不是那种安静得冷漠的人生态度所能媲美的。因为这种生活态度依附于一种充实的生活当中，不允许远离自身认为毫无价值的事物。可苏格拉底式的态度却是基于勇气、慷慨与简约的品质而形成的。苏格拉底明白一点，正是在恐惧作用下，我们过分重视自身阴郁的情感。在卑鄙、冷漠毒害我们的生活，同时也正因为冗杂、固执的责任令我们变得软弱。苏格拉底不会受到任何个人野心的摆布，他以一颗平常的心去看待这个世界的真相，以为这是一个充满光明、勇气的世界，随处可见的还有有趣的思想和各种未知的疑惑。

在这方面，基督教在不断前进的过程中，此前也保持了平稳快速的前进状态，可它依旧不能明智地向我们诠释生活。苏格拉底经常赞美生活中的充满智慧的思想，本来基督信仰也可以在更加宽广、恰当的生活当中被人们所应用。其中的奥妙也即是享受的方式问题。但这种享受并不意味着立即挥霍所有的欢乐，随后将自己藏在帐篷当中。相反，这指的是一种人与人之间的乐趣所在，在人与人共同合作当中所蕴含的乐趣。这当然也存在很多性格方面的限制，阻碍我们自身拥有的令人解颐的幽默在整个生命当中传播。其实，这是无法通过约束来克服的，我们需要做的仅仅是利用温和的方式进行控制，虽然很少看到有人具备这种温和的性格。我们重新审视那些我们遇到的恶毒的人，这些人为了让自己得到欢乐，宁可让别人遭受痛苦。在年轻的时候，这些人也都遭受过欺压，因此，他们心中坚信必须要让自己避免再度遭到他人的欺凌。因为必要心理锻炼的缺乏，这些人最终成长为更加自私的人。随后，身体状况不佳也令他们成长为了恶棍。可是，他们愿意的话，至少可以让冷漠保持在自己内心当中，隐藏起来不为别人所看到。很快，一些实践让他们坚信一个观念：世界上很少有行为可以比给予别人乐趣能为自身带来更多合理且廉价的快乐。

在一定程度上，这种毫不犹豫得到的欢乐可以通过锻炼自己的意志来获得，显然也比本能的欢乐更加有用。我们无法怀疑，一些不可理喻或者不理智的情感会在道德层面凝聚的基础上得到发展。在缺乏任何有意识的努力或愿望的驱使下，正如雨后放晴一般，这正是我们快乐的根源。这里，我可以用最近自己的一段经历来作说明：

在几天前的一个忙碌、疲惫的早晨，我正在琢磨一些无聊且愚蠢的段落，这些词句并没有具备任何启发性，仅仅是一些流水账罢了。其中仅有的优点仅仅是文字极为通俗浅显，但其中也不曾被赋予任何美感。随后，我的一个朋友其拿来拜访我，我们随即聊起一些沉闷的话题。然后，我一个人只身走在草原上。身处一片坦然的大道上，两旁生长着茂盛的灌木丛，在柳木与桤木外小溪围成了一个大圈。随后，阳光穿透如同"堡垒"一般的云层，将阳光散在一座巨大的城堡上。那是一个晴空万里的日子，在天空中闪烁着冬日阳光蜜黄色惨淡的冷色调，其中我甚至感到了春意从空气中被传递出来。就在一个被遗弃的掩体旁，我看到了一株金色的山柳葡属植物，正在将自己光鲜的"外衣"展现给世人。

在我看来，这一天并不让我满意。我在早晨苦思冥想的词句让我们甚至这一切并没有任何特别的价值，事实也确实如此。我仅仅是一个以英国人所惯有的执着的精神在做着一些事情，无论这件工作本身是否真的有价值，一旦我下定决心就一定会坚持到底。

我保持一种难得一见的愉悦心情回到了家里，似乎听到了一段短暂却又优美的旋律，就好像我正在走过某处美丽的风景，在那片五叶草的田野中传过来一阵音乐，我正在考量着一些甜美的声调与丰富的韵律。这时候，我的心中也不再有任何其他特别的思绪需要厘清。在我放眼大地的时候，只见东边升起了太阳，西边挂着月亮，城堡式的城楼在橡树林之上显得尤其突兀。同时，我还看到几个衣着正式的人正沿着通往森林的道路，欢乐地骑马奔跑。只见他们向我挥手致意，但我却并不知道到底是什么样的美景让他们如此的着迷？一时间，我竟然感到自己距离美好的生活是如此的近，就像是被围绕在其中，或许在镜子后面，或许是在门外，我只需要穿过花园的树篱就可以寻得。如果我拥有一把能够打开这些魅力大门的钥匙，我将立即发现内心高兴与愉悦的心情，对一个满是震撼而又无限完美、平和的人生充满了渴望。正当清晨初升的朝阳穿过茂密丛林时，温和的阳光静悄悄地在我心中播撒开来。我看见，森林被一层最柔和的蓝色雾霭所笼罩，还有被轻缓的海浪拍打着的平坦沙滩，以及冬日暖阳下正在广袤的乡村与田野间痴望的橘黄色的水汽，它似乎正泼洒在宇宙之间。或者我还会听到一段庄严肃穆的乐曲，它以一种轻柔的声调作为结尾。内心深处的平和，仿佛让人感到喜悦，又让人感到它正在四周，唾手可得。

对于瞬息间的欢乐所带来的心灵的震撼，我们又将作何解释呢？在这里，我将试图将自己所坚信的心念作为其中的一个解释，我认为假如能够将思想压缩成为某种清晰的事物，无论这些事物看起来怎样的超凡脱俗，都将会变成一件美好的事！

在这时，人们的情感可能正如一个人独自身处黑暗的大街或者喧闹的城市当中，头顶上黑压压的云层突然飘过，人们可以从屋顶上看到蔚蓝的山顶，还有一片平和当中的风和阳光下的景色。

在我看来，能将这种被祝福的平和感带给人们的绝非一种主观的情绪或某种臆想的结果。相反，这是一种现实的存在，一种踏踏实实的存在。人类的意识并非这种印象的缔造者，人们不可能试图通过一些内心存在的道德、艺术层面上的想法而获取这种印象，人们需要借助自我感知来获得。同时，教育并非一个发明的过程，它是一个不断进行探索的过程。在这个阶段中，人们不仅知其然，而且也知其所以然。在人们认识一些事物之前，就早已凭借一种本能与直觉就清楚其现实的存在。人们的心智仅仅是更宏大的不朽生命的其中一部分。这偶尔会被自我认同感所阻碍，一如沙滩上一洼浅浅的海水，在长达数小时里与大海的浪潮隔绝开来。而一切的遗憾、悔恨、焦急、烦恼，都源自于自己并没有意识到这仅仅是一种更为伟大的生命的一部分，并非自身所妄断的孑然一身的状态。在生命与欢愉的海洋当中，天人永远是合一的。

我们有的时候会接触到更加广阔的生命，但对于一些人，这不过是宗教的结果，有的人则以为这是爱的产物，或者是艺术的最终表现。或许，当浪潮翻滚过海岸，就会淹没那个浅显的小池塘，让它旁边的植物颤动不已，并且引发沉睡沙滩上一阵泡沫的声响，不断在耳畔回荡。

当这一时刻降临时，我们却犯下了悲伤的错误，仿佛仅仅对我们软弱的想象力产生了作用。我们应该尽自己最大努力，迎接并理解这更为宽广的生命在自己身上降临，而不可以仅仅以愤怒的姿态逃回自己的安乐，这样做只会让自己事后感到羞耻且悲哀。此外，我们还应该勇敢地一次次敞开大门，让太阳的光芒一遍遍环绕我们全身。我们会时而有一些令自己也大吃一惊的感觉出现，彰显自己与他人之间的某种极为重要的关系。很多人都有着这样的经历，也似乎表明了自己在与他人进行直接心灵交流的同时，也在做着某种并非语言或文字层面的沟通。纵使我们缺乏这样的经验，但这种情况的存在确实也经过了科学的证明。或许，我们还可以称之为心灵感应吧，就是指心灵某种直接的交流。当然，任何理性的人都不会怀疑这种心灵感应所出现的形式。其实，我们并不清楚心灵感应的细节，但这就像电流传递一样，就像是电学家们仅仅是发明精密仪器用以捕捉或记录电流的存在，却不能创造出电流一样。因此，人与人之间的这种直接交流显然是存在的。在我们揭露其背后所隐藏的规律时，我们或许也就明白了譬如热情、运动、社区精神、爱国主义与军事热忱等很多事物的实质。在现阶段，这些事物又是如此的孤独而神秘。

置身于这一切事物之外，我们还能看到其中所蕴含的更为重要的存在。我们仅仅是这种广袤无边的生活的一部分。在超过我们可见的宇宙之外，可能还有很多未知事物正在不断围绕着我们，束缚着我们，它们就好像喷泉的水雾一样，浸湿我们的每一寸皮肤。某些令我们感到紧张且难以捉摸的情愫，来势汹汹，包含了神秘感，可我依旧坚信这仅仅是我们身外这种广袤未知生命发出的旋律而已。我经常会情不自禁地想起那些将生活所赋予的潜质发挥到最大的人，可以让自己的人生也随之感受到生命莫名的悸动。这个世界对未来发展的担忧促使我们投身于政治、商业、宗教，同时也对物质产生了同样的情感。我们这种杞人忧天的做法正在将我们自身进行着束缚，不断地压缩着自由的时光，让我们忘却身外广袤的生命的存在。也许，人们将耶稣所建议的人生看成了基督徒的人生，他们将祈祷变成了一种生活，并和其他人建立起一种简单友好的关系，却也毫不介意世俗的羁绊与欲望的萦绕，拥有着无畏的精神与真诚的态度。事实上，这样的品质或许正是我们达到更高层次所需要具备的基础，就像耶稣在说话的时候也仿佛早就知道一些惊人的秘密一样。像那翻滚的巨浪一般宏大的、更高层次的生命灵魂，自然也不会为我们招致任何诱惑与罪恶。这样的灵魂，势必需要自由地同一些普遍精神进行交流。站在他来说，在人类身上本身就不存在任何羁绊可言。

现在的我们依旧不明白这种关联之间所存在的机械的关系，但这扇门却一直在敞开着。至少我们要敞开心灵的窗户，领略神明所恩赐的智慧。当狂风在我们精神领域肆虐的时候，我们就可以看到任何工作、软弱、安逸都依然不能阻碍我们对这一切现实存在的肯定。

所以，在这些美好、高尚与令人奋进的思想成为我们性格的一部分时，我们所需要做的就是要像小孩萨缪尔一样，在弥漫着暗淡灯光的庙宇当中祈祷："主啊，请您为你的仆人说句话吧。"这时，音乐逐渐弥漫在空气当中，同时还伴随着微弱与颤抖的风，最终消失在花园里，穿过远处的山峦，融入晴空万里的天际。然而，在我们的耳中，我们不再听到往常的声音。因为我们的心灵得到了净化，也变得更加高尚起来。

或许人们最后会问，为何会有如此微弱而神秘的感受，这些感受进入我们心灵的频率是如此的稀少？假如我们灵魂当中那剧烈激荡的正是我们真实的人生，那么为何我们要如此小心翼翼，却又惴惴不安呢？为何我们在毫无任何神性的眼中，早已孑然一身地行走了如此漫长的道路？为何我们会看到或者隐约看到事物，这种事物降临的次数如此稀少，甚至我们从未感受到呢？对于这些问题，我无从回答。但我坚信，那种感觉确实存在的。这时，我只是想起古老先圣所说过的话："我不知道这将会怎样，可天国的现实却被一片模糊所覆盖，他们越发变得令人愉悦而富有吸引力。一切事物都远比不上这种温柔的拒绝，他是如此坚定了我们对未来的期许。"